這些步驟不用做！

新概念
甜點聖經

連馬卡龍也OK！
日本職人親授
50款甜點，
省略麻煩技法，
新手苦手都能上手

「しなくていいこと」がたくさんあった！
新しいお菓子の作り方

作者 江口和明
譯者 連雪雅

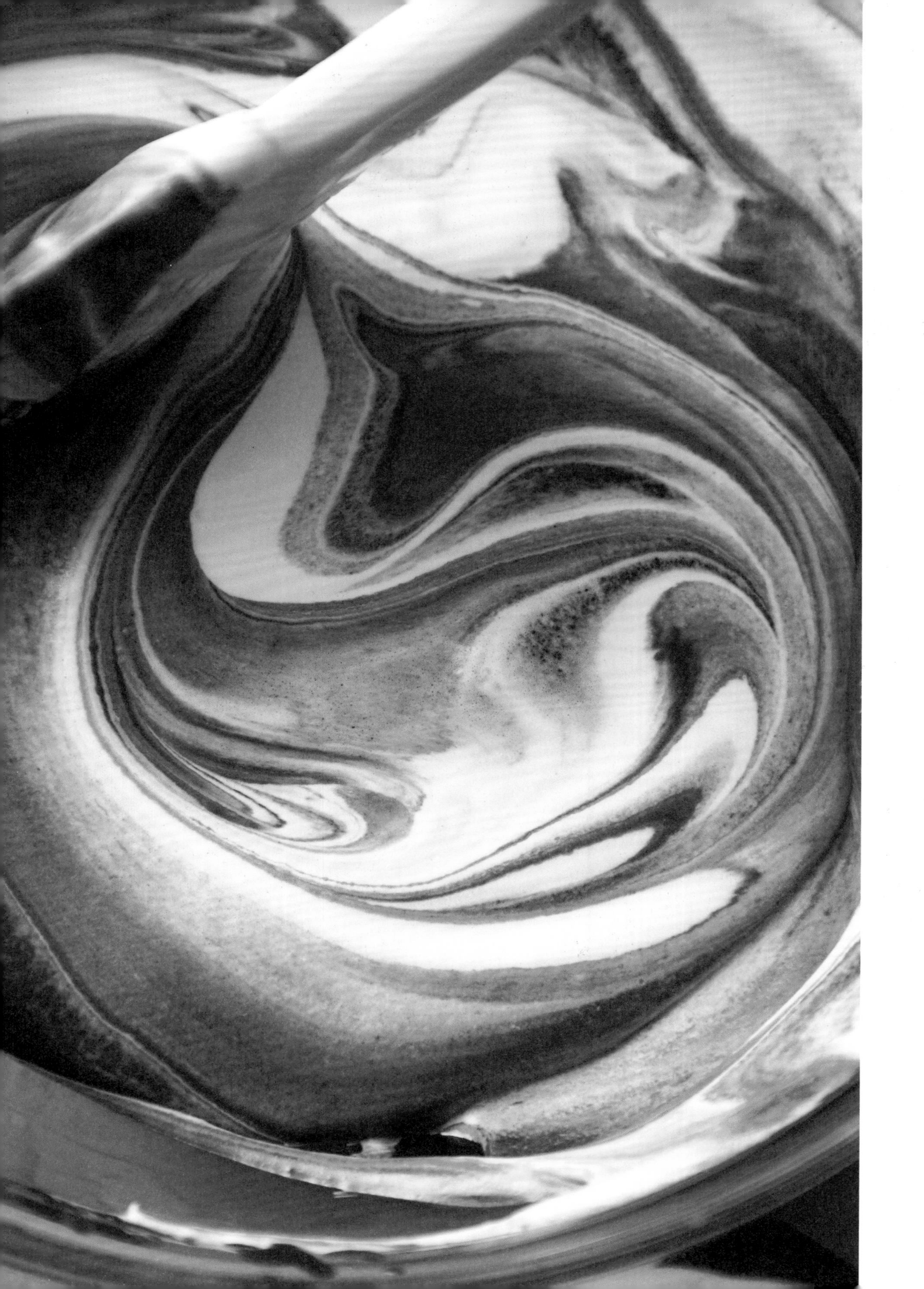

在那些常見的甜點食譜當中，
其實有許多不遵守也沒關係的事情。

所以，
不管其他食譜書
教你怎麼做，
都別管
！

只要照著
我的食譜
製作的話
一定會成功

Contents

14 關於材料

16 關於器具

18 開始製作前的4大要點

20 古典巧克力蛋糕

The Arrange

巧克力甘納許蛋糕 24

紅茶古典巧克力蛋糕 25

26 磅蛋糕

The Arrange

檸檬蛋糕 30

綜合堅果蛋糕 31

香蕉蛋糕 32

蘭姆葡萄蛋糕 33

34 焦糖戚風蛋糕

The Arrange

抹茶戚風蛋糕 38

巧克力大理石戚風蛋糕 39

40 巧克力舒芙蕾起司蛋糕

The Arrange

巧克力舒芙蕾起司蛋糕 佐莓果醬 44

肉桂香草舒芙蕾起司蛋糕 45

46 海綿蛋糕

The Arrange

草莓鮮奶油蛋糕 50

蛋糕捲 52

紅豆奶油蛋糕捲 53

54 奶油泡芙

The Arrange

印度拉茶泡芙 58

雙重巧克力泡芙 59

60 法式巧克力凍蛋糕

64 千層派

68 檸檬塔

72 生巧克力塔

Staff
設計／稙田光子
攝影／福尾美雪
構成・造型設計／中田裕子
採訪・撰文／三浦良江
烘焙助手／大森美穗（DEL'IMMO）
校對／新居智子、根津桂子
編輯／藤原民江（KADOKAWA）

---

76 **巧克力馬卡龍**

The Arrange

抹茶草莓馬卡龍 80

柳橙巧克力馬卡龍 81

82 **鑽石餅乾**

The Arrange

杏仁可可鑽石餅乾 86

抹茶鑽石餅乾 86

巧克力豆鑽石餅乾 86

88 **佛羅倫汀**

The Arrange

芝麻佛羅倫汀 92

可可佛羅倫汀 92

94 **布朗尼**

The Arrange

果醬布朗尼 98

莓果布朗尼 99

100 **司康**

The Arrange

蔓越莓司康 104

伯爵茶司康 105

106 **巧克力可麗露**

110 **雞蛋布丁**

The Arrange

南瓜布丁 114

皇家奶茶布丁 115

116 **巧克力慕斯**

120 **香草冰淇淋**

The Arrange

巧克力冰淇淋 124

草莓冰淇淋 124

可可巧酥冰淇淋 124

126 *Special column*

DEL'IMMO的人氣聖代「Chocolatier」
由江口主廚親自公開的美味關鍵！

關於材料

雞蛋

本書使用的雞蛋尺寸為M～L(約50～60g)。基本上都會加熱，但還是請務必準備新鮮的蛋。

奶油

本書使用的是不含鹽分的「無鹽奶油」，通常外包裝會標示是否含有鹽分。

低筋麵粉

在各種麵粉當中，低筋麵粉的粉質顆粒相對細緻；烘烤後富有彈性且黏性較低，適合製作甜點。

砂糖

基本上是使用細砂糖(圖上)。想要突顯高級滋味時可以改用二砂(圖中)；製作餅乾等點心時則使用糖粉(圖下)。

可可粉

將烘焙過的可可豆磨成粉，呈現深巧克力色。用於製作可可風味濃郁的甜點。

鮮奶油

本書使用醇香味濃的動物性鮮奶油。依照製作的甜點種類，分別使用乳脂肪含量為35～36%和45～47%的原料。不建議使用植物性鮮奶油或奶霜（調和性鮮奶油）。

巧克力

本書使用顆粒狀巧克力，包含可可含量67%的苦甜巧克力、41%的牛奶巧克力，以及37%的白巧克力。請使用可可含量相同、不含植物油脂的巧克力。

關於器具

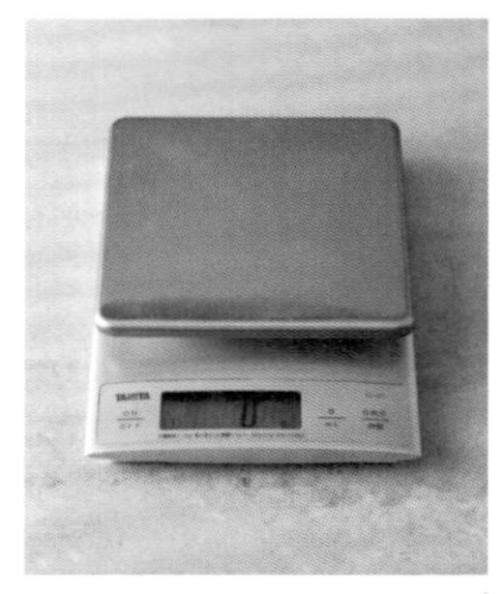

電子秤
製作甜點時，正確秤量材料非常重要。請使用最小秤重單位為1g的電子秤。

篩網
用於過篩粉類。低筋麵粉用大的篩網；裝飾糖粉則用濾茶篩網。

調理碗
請事先備妥直徑20cm和26cm的調理碗。有時會需要微波加熱，因此請選用耐熱材質。

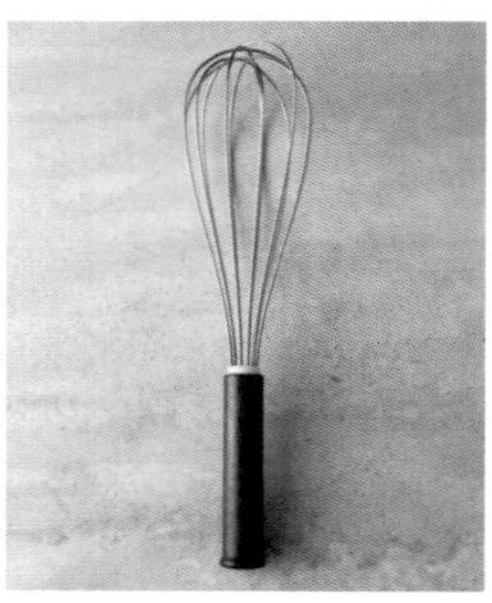

打蛋器
用於混拌鮮奶油或出現氣泡也沒關係的麵糊。

橡皮刮刀
用於混拌蛋糕麵糊。建議各位使用容易清洗的一體成形耐熱橡皮刮刀，相對比較衛生。

手持式電動攪拌機
可大幅縮短打發時間、節省體力，使製作甜點更加輕鬆。請慎選適合自己的重量和握把。

托盤
用於麵團醒麵或撒粉、沾粉。建議準備尺寸約為20×25cm的不鏽鋼托盤。

烘焙紙
烘烤麵糊時，鋪在蛋糕模或烤盤內。建議使用雙面矽膠加工的款式。

花嘴與擠花袋
用於製作草莓鮮奶油蛋糕等需要擠花的甜點。花嘴有圓形、星型、菊型等各種造型。擠花袋建議使用拋棄式塑膠(聚乙烯PE)材質，會比較方便。

擀麵棍

延展麵團時的必備品。除了常見的木製桿麵棍之外，也有不易沾黏麵團的矽膠材質。

圓形蛋糕模

本書使用的是直徑15cm（6吋）的模具。選擇可拆卸的活底設計，取出烘烤完成的蛋糕時會比較輕鬆。

方型蛋糕模

本書使用的模具大小是18×18cm，建議選擇活底模具。

磅蛋糕模

本書使用的模具大小是7.5×17×高6cm。除了不鏽鋼之外，也有內側以鐵氟龍加工的不沾模具。

塔模

本書使用的是底座直徑為18cm的活底模具。可拆卸的活底設計，相對方便取出成品。

戚風蛋糕模

本書使用直徑17cm的活底模具。選擇價格相對合理的鋁製模具即可。

可麗露模

除了單顆模具之外，也有6連、9連、12連等各種烤模。建議選擇方便脫模的鐵氟龍加工不沾模。

耐熱杯

用於製作布丁等杯裝甜點。約150ml的容量，正好適合做成1人份。

矽膠墊

用以取代烘焙紙，將餅乾等點心麵團直接擺在上面，放入烤箱烘烤。可重複使用。

開始製作前的
4 大要點

1 秤量材料

正確秤量是製作甜點的基礎。事先秤好需要的材料份量，製作時會更流暢順手。

2 奶油、雞蛋退冰至常溫

剛從冰箱取出的奶油又冷又硬，無法馬上使用。製作甜點之前，請先將奶油退冰。依據食譜，有時會需要微波加熱使其融化；有時則會直接使用冰涼的奶油，例如製作司康時。雞蛋基本上都是退冰至常溫。

也別忘記這些注意事項！

- 主要使用的材料請參閱P14～P15。
- 微波爐的加熱時間是以600W為基準。
  加熱時間依機種而異，請視情況斟酌調整。
- 烤箱的加熱時間依熱源種類或製造商、機種而異，請視情況斟酌調整。
- 若要在烤模內鋪上烘焙紙，請在開始製作之前事先鋪好。
  配合烤模底部尺寸裁切、鋪放，側面則用比烤模高度略高的烘焙紙圍繞一圈。
- 拿取剛烤好的模具時，請記得戴上隔熱手套，以免燙傷。

3 粉類事先過篩

低筋麵粉先用篩網過篩，若有粉粒殘留，可用手指壓散。一次使用多種粉類時（例如低筋麵粉和可可粉），請一起過篩3次。

4 烤箱提前以＋10℃預熱

烤箱務必充分預熱。光是稍微打開烤箱，溫度就會下降，所以要用比實際烤溫多10℃的溫度預熱。另外，如果使用的是雙層烤箱，請將烤盤放在下層。

Classic chocolat

古典巧克力蛋糕

柔軟細緻的口感，搭配濃郁的可可風味，
請盡情享受這無與倫比的美味。

如果是江口主廚的作法，　沒有這樣做也沒關係！

製作蛋白霜時砂糖不必分3次加也沒關係！

還是因為

一次全加，
反而可以烤出
濕潤的蛋糕體。

就算麵糊不小心拌過頭也沒關係！

還是因為

即使拌過頭，
烤出來的蛋糕還是很鬆軟，
所以不必擔心。

古典巧克力蛋糕的全新做法

材料：
〔直徑15cm(6吋)的
圓形活底蛋糕模1個的份量〕
苦甜巧克力(67%)——40g
牛奶巧克力(41%)——40g
無鹽奶油——50g
鮮奶油(35%)——60g
低筋麵粉——20g
可可粉——40g
雞蛋——3顆
細砂糖——100g

1 巧克力加熱融化，奶油和鮮奶油同樣微波加熱

將2種巧克力放入耐熱調理碗，包上保鮮膜，微波(600W)加熱約30秒，取出後用打蛋器混拌，重複4～5次，讓巧克力完全融化。奶油和鮮奶油倒入耐熱調理碗，包上保鮮膜，微波加熱約30秒，重複4～5次，使其融化成奶油液。低筋麵粉和可可粉一起過篩3次。

同時開始將烤箱預熱至170℃。

2 混合融化的巧克力、奶油和鮮奶油

把融化的奶油液少量加入融化的巧克力裡混拌。即使出現油水分離的情況也別擔心，繼續混拌至變成美乃滋般的乳化狀態，再分次少量加入剩下的奶油液混拌。拌至呈現光澤感後，將剩餘的奶油液全部倒入。

因為蛋黃和蛋白是分開打發的，所以就算麵糊攪拌過頭也沒關係！

3 分別打發蛋黃和蛋白

蛋黃和蛋白分別放入不同調理碗中，蛋黃加入50g細砂糖，用手持電動攪拌機打發至發白的黏稠狀；蛋白也加入50g細砂糖，並用手持電動攪拌機打發成可拉出下垂尖角的蛋白霜。

4 混拌麵糊、開始烘烤

將*3*打發的蛋黃加入*2*裡仔細混拌，再加入*3*的蛋白霜約1/3，並充分混拌。接著把*1*的粉類全部倒入，用橡皮刮刀拌勻，再加進剩下的蛋白霜仔細混拌。將麵糊倒入鋪了烘焙紙的蛋糕模，放進烤箱以160℃烤約45分鐘。烤好後將蛋糕放涼、脫模，置於常溫。待其完全冷卻後，撕除烘焙紙。

加入大量的甘納許*，味道更加濃郁！

巧克力甘納許蛋糕

材料：〔直徑15cm（6吋）圓形活底蛋糕模1個的份量〕

古典巧克力蛋糕的材料（請參閱P22）——全部

<甘納許>

苦甜巧克力（67%）——80g

鮮奶油（35%）——80g

1 先製作古典巧克力蛋糕（作法請參閱P22～23）。

2 將甘納許的材料放入耐熱調理碗，包上保鮮膜，微波加熱（600W）約30秒，重複4～5次後，仔細混拌，讓巧克力均勻融化。

3 用湯匙輕輕按壓1的中心，在凹陷處倒入2後，放進冰箱冷藏，使其凝固。

*譯注：甘納許（Ganache）是一種軟質固態巧克力，它是融化巧克力與加熱後的高脂肪動物性鮮奶油（脂肪35%以上）的混合體。

唇齒間留下淡雅的紅茶餘味！

紅茶古典巧克力蛋糕

材料：〔直徑15cm（6吋）的圓形活底蛋糕模1個的份量〕
苦甜巧克力（67%）——40g
牛奶巧克力（41%）——40g
無鹽奶油——50g
鮮奶油（35%）——100g
紅茶葉——10g
低筋麵粉——20g
可可粉——40g
雞蛋——3顆
二砂——100g
〈紅茶糖漿〉
水——100ml
紅茶葉——10g
細砂糖或二砂——30g

1 將鮮奶油和紅茶葉倒入耐熱容器，包上保鮮膜，微波加熱（600W）約1分鐘，重複2次。接著用篩網過濾，用湯匙擠壓茶葉，擠出紅茶液，倒入耐熱調理碗裡。

2 另取一個耐熱調理碗，放入2種巧克力和奶油，包上保鮮膜，微波加熱約30秒。重複4次後，仔細混拌，加入*1*裡。

3 開始將烤箱預熱至170℃。低筋麵粉和可可粉一起過篩3次，依照古典巧克力蛋糕的作法*3*（P23），用二砂取代細砂糖。之後依相同作法製作麵糊、烘烤蛋糕。

4 接著製作紅茶糖漿，在小鍋子內裝水，煮滾後關火，放入紅茶葉、蓋上鍋蓋，燜5分鐘。過濾茶液，倒回鍋中，加細砂糖並煮滾、放涼。刷塗在烤好的*3*上，讓蛋糕吸收糖漿。要吃的時候，可依個人喜好，擠上打發的鮮奶油（材料份量外）。

Pound cake

磅蛋糕

依序混拌材料，放進烤箱烘烤就完成了！
奶油和雞蛋的單純滋味，吃再多也不會膩。

如果是江口主廚的作法， 》 沒有這樣做也沒關係！

奶油和砂糖沒有拌到發白也沒關係！

▼ 這是因為

混拌的目的
並不是要讓奶油變白，
而是讓砂糖
吸收奶油的水分。

加入蛋液之後出現油水分離也沒關係！

▼ 這是因為

假如出現油水分離，
只要再加麵粉就好。
不停攪拌直到
快要拌過頭的狀態。

磅蛋糕的
全新做法

材料：〔7.5×17×高6cm的磅蛋糕模1個的份量〕
低筋麵粉——100g
泡打粉——3g
無鹽奶油——40g
細砂糖——100g
雞蛋——2顆

1 混拌奶油和砂糖

低筋麵粉和泡打粉一起過篩3次。奶油放入調理碗內靜置，直至可以輕鬆壓爛的軟度後，用橡皮刮刀混拌成柔滑狀。接著加入細砂糖混拌，使其充分吸收奶油的水分。

同時開始將烤箱預熱至180℃。

2 加入蛋液混拌

拌至呈現略稠的美乃滋狀態即可。

將蛋打入*1*的碗裡，用橡皮刮刀壓破蛋黃並大略混拌；接著換用打蛋器仔細混拌（過程中若是蛋液和奶油出現油水分離的情況，請把過篩後的粉類全部加進來拌合）。

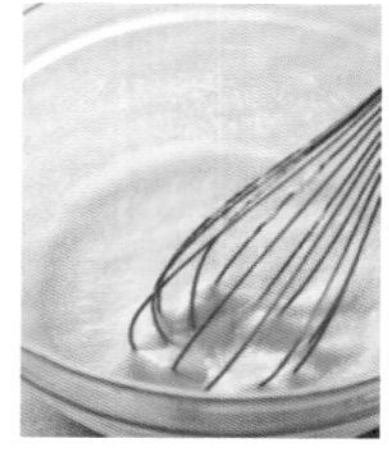

拼命混拌奶油和砂糖，直到奶油變白？其實根本不必這麼做！

3 加入粉類拌合

將過篩後的粉類加入*2*中，用打蛋器仔細混拌至沒有粉粒的狀態。

4 倒入烤模，放進烤箱烘烤

將*3*的麵糊倒入鋪了烘焙紙的磅蛋糕模中，接著拿起蛋糕模，對著桌面輕敲幾下，去除多餘空氣；再用橡皮刮刀抹平表面，放進烤箱以170℃烤約50分鐘。烤好後放涼，待其完全冷卻後再脫模，撕去烘焙紙。

淋上檸檬糖漿和糖霜，增添香甜酸爽的風味！

檸檬蛋糕

材料：〔7.5×17×高6cm的磅蛋糕模1個的份量〕

磅蛋糕（作法請參閱P28～29）——1條

<檸檬糖霜>

檸檬汁——1顆檸檬的量
糖粉——150g

<檸檬糖漿>

細砂糖、水——各25g
檸檬汁——1顆檸檬的量

1 將檸檬糖霜的材料用打蛋器均勻混拌。

2 將檸檬糖漿的材料倒入鍋內煮滾。

3 倒扣取出磅蛋糕，放在蛋糕冷卻架上，撕掉烘焙紙。趁熱在底部和側面刷塗2，讓蛋糕體充分吸收糖漿。靜置至完全冷卻後，把1淋在蛋糕底面，放進烤箱以200℃烘烤約1分鐘，使糖霜乾燥。

香氣升級，口感也變得更加豐富！

綜合堅果蛋糕

材料：〔7.5×17×高6cm的磅蛋糕模1個的份量〕

低筋麵粉——80g
泡打粉——3g
可可粉——20g
無鹽奶油——40g
細砂糖——100g
雞蛋——2顆
綜合堅果——50g

1 低筋麵粉、泡打粉、可可粉一起過篩3次。

2 依照磅蛋糕的作法 1～3（P28～29）製作麵糊，將綜合堅果切成喜歡的大小，加入麵糊混拌，再依照作法 4（P29）烘烤蛋糕。

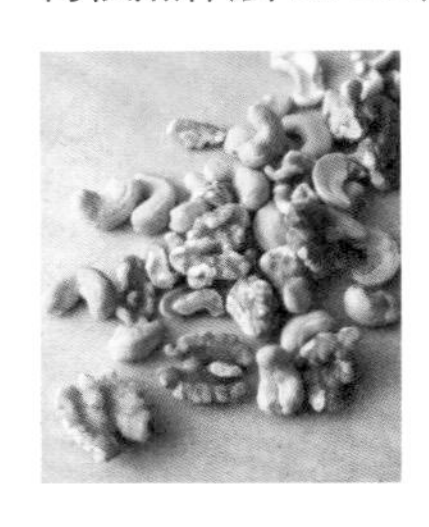

本食譜是使用核桃和腰果，也可以加入杏仁等其他堅果。

真材實料，使用一整條香蕉製成！

香蕉蛋糕

材料：〔7.5×17×高6cm的
磅蛋糕模1個的份量〕
磅蛋糕的材料（請參閱P28）——全部
香蕉——1根
細砂糖（裝飾用）——適量

1 將香蕉片狀縱切成3等分。
外側的2片放入調理碗，用打蛋器稍微壓爛。
依照磅蛋糕的作法1（P28），
在混拌奶油和細砂糖時，
加入壓爛的香蕉一起攪拌。
之後依照相同作法製作麵糊，倒入模具。

2 剩下的香蕉擺在麵糊表面，撒上細砂糖，
依照作法4（P29）放入烤箱烘烤。

散發淡淡的蘭姆酒香，非常適合搭配葡萄酒享用！

蘭姆葡萄蛋糕

材料：〔7.5×17×高6cm的
磅蛋糕模1個的份量〕
磅蛋糕的材料（請參閱P28）——全部
蘭姆酒漬葡萄乾——50g
杏仁片——5g

1 依照磅蛋糕的作法*1～3*（P28～29）製作麵糊，
加入蘭姆葡萄乾混拌，倒入模具。

2 在麵糊表面撒上杏仁片，
依照作法*4*（P29）放入烤箱烘烤。

蘭姆葡萄乾是使用蘭姆酒醃漬過後的葡萄乾，香氣十足且口感柔軟，非常百搭。

Caramel chiffon cake

焦糖戚風蛋糕

**戚風蛋糕的蓬鬆柔軟通常來自「油脂」，
而本食譜不使用油，依然能夠烤出Q彈水潤的口感。
神來一筆的焦糖醬，讓美味更上一層。**

如果是江口主廚的作法，　沒有這樣做也沒關係！

蛋白霜的砂糖不必分次加也沒關係！

▼ 這是因為

即使一次全加，
只要經過充分打發，
也能做出稠密紮實的蛋白霜。

不添加油也沒關係！

▼ 這是因為

白巧克力所含的油脂，
可以替代油的角色。

焦糖戚風蛋糕的全新做法

材料：〔直徑17cm的
活底戚風蛋糕模1個的份量〕
低筋麵粉——120g
泡打粉——3g
雞蛋——4顆
細砂糖——100g
白巧克力——30g
水——80g
<焦糖醬>
鮮奶油(35%)——60g
細砂糖——50g

1 製作焦糖醬

將鮮奶油倒入耐熱容器，包上保鮮膜，微波(600W)加熱約30秒。在小鍋內倒入1/3的細砂糖，以中火加熱，輕輕搖晃鍋子使其融化。剩下的細砂糖以相同方式，分成2次加入煮融，等到鍋子中央開始冒出細小泡泡即可關火。變成焦糖色後，少量加入鮮奶油混拌(可能會噴濺，請多加小心)，再次以中火加熱，融化凝固的糖漿，稍微煮滾後便可關火。

2 製作蛋白霜以及基底麵糊

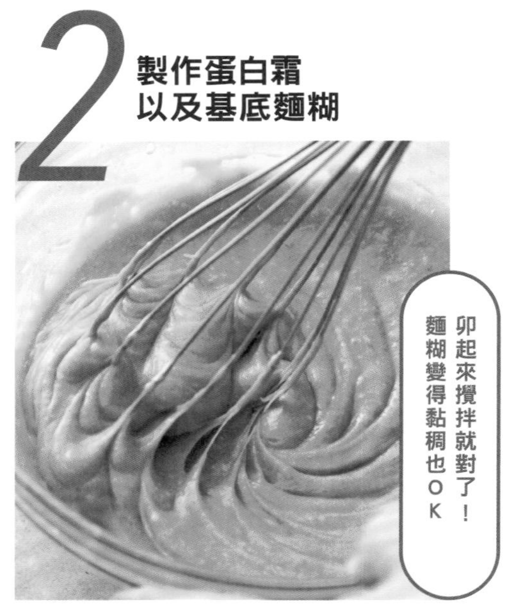

低筋麵粉和泡打粉一起過篩3次，將蛋黃和蛋白分開，在略大的調理碗內倒入蛋白，一次加入全部的細砂糖，用手持電動攪拌機打發成不會流動的濃稠蛋白霜。另取一個耐熱調理碗，倒入巧克力和水，包上保鮮膜，微波加熱約30秒，重複5～6次，待巧克力融化後，充分拌勻。接著加入蛋黃、*1*和過篩完成的粉類，用打蛋器混拌。

同時開始將烤箱預熱至180℃。

其實根本不需要沙拉油，在家就能輕鬆做出戚風蛋糕！

3 將蛋白霜與麵糊混合均勻

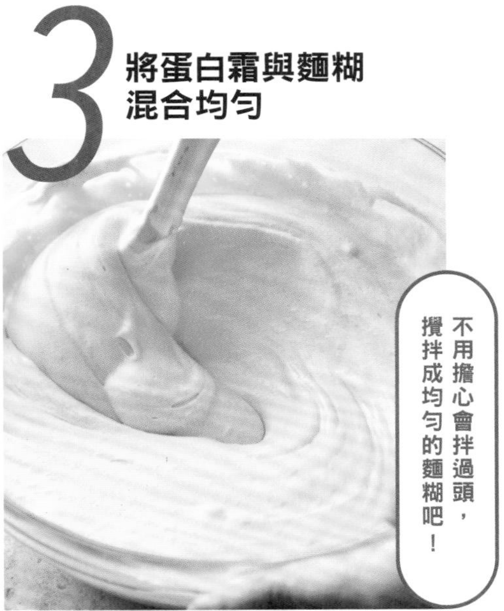

把一部分的蛋白霜加入2的麵糊裡，用打蛋器拌勻，再倒回蛋白霜的碗裡，用橡皮刮刀撈起底部的麵糊，由下往上翻拌。

4 倒入烤模，放入烤箱烘烤

將麵糊倒入蛋糕模中，拿起蛋糕模，底部對著桌面敲幾下。接著用竹籤插入麵糊，以畫圓的方式攪拌3～4圈。放進烤箱以170℃烤約50分鐘，烤好後連同蛋糕模倒扣放涼。待其完全冷卻後，用刀子沿著蛋糕模的邊緣和中軸各劃一圈以便脫模；底板也用刀子劃一圈，就能讓蛋糕與模具漂亮地分離。

將焦糖醬換成清香的抹茶風味！

抹茶戚風蛋糕

材料：〔直徑17cm的活底戚風蛋糕模1個的份量〕

低筋麵粉——100g

泡打粉——3g

抹茶粉——15g

雞蛋——4顆

細砂糖——100g

白巧克力——30g

水——80g

1 依照焦糖戚風蛋糕的作法2(P36)，在過篩低筋麵粉和泡打粉的步驟時，加入抹茶粉一起過篩。

2 之後依相同作法製作麵糊(不加焦糖醬)，烘烤蛋糕。

原味與巧克力交織而成的美味！

巧克力大理石戚風蛋糕

材料：〔直徑17cm的活底戚風蛋糕模1個的份量〕

低筋麵粉——120g
泡打粉——3g
雞蛋——4顆
細砂糖——100g
白巧克力——30g
水——80g
巧克力糖漿——80g

1 依照焦糖戚風蛋糕的作法2（P36，不加焦糖醬），將蛋白霜和麵糊攪拌拌勻後，取一半的量倒入蛋糕模中。
2 剩下的麵糊加入巧克力糖漿，仔細混拌，倒在1的上方。用竹籤插入麵糊，以畫圓的方式攪拌3～4圈，形成大理石花紋。
3 放進烤箱，以170℃（事先預熱至180℃）烘烤約50分鐘。

Chocolate souffle cheesecake

巧克力舒芙蕾起司蛋糕

**沒有使用起司，卻有起司蛋糕的風味。
以巧克力取代油脂，
使用二砂讓美味升級的妙招也請學起來！**

如果是江口主廚的作法， 》 **沒有這樣做也沒關係！**

沒有使用起司
也沒關係！

▼ 這是因為

用和巧克力很搭的
優格取代起司；
用巧克力取代
讓麵糊膨脹的必要油脂。

就算粉類
不小心拌過頭
也沒關係！

▼ 這是因為

充分拌匀很重要。
只要仔細混拌，
麵糊就會變得均匀，
可以烤出蓬鬆的蛋糕體。

巧克力舒芙蕾起司蛋糕的全新做法

材料：〔直徑15cm(6吋)的圓形活底蛋糕模1個的份量〕
可可粉——20g
低筋麵粉——30g
牛奶巧克力(41%)——50g
雞蛋——3顆
原味優格——200g
二砂——100g

1 製作巧克力麵糊

將可可粉和低筋麵粉一起過篩3次。巧克力放入略大的耐熱調理碗中，包上保鮮膜，微波(600w)加熱約30秒，用打蛋器混拌，重複3～4次，直至巧克力完全融化為止。把蛋黃和蛋白分開，蛋白倒入略大的調理碗中；蛋黃則加入巧克力充分混拌，再加入優格拌勻。接著加進過篩完成的粉類，用打蛋器混拌至沒有粉粒的狀態。

同時開始將烤箱預熱至160℃。

2 蛋白霜打發至略稠的流動狀態

打發程度也很重要！

把二砂加入*1*的蛋白當中，用手持電動攪拌機打發成不會拉出尖角的柔滑蛋白霜。質地必須是將調理碗傾斜，蛋白霜會緩緩流動的程度。

From Eguchi

即使表面出現裂紋
也不代表失敗。
這樣的蛋糕更是別有一番風味！

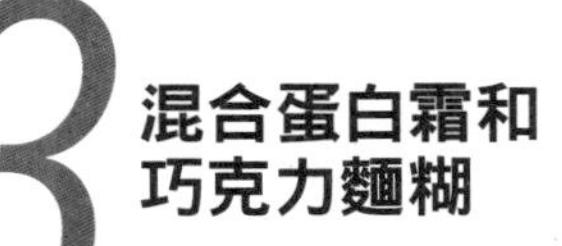

3 混合蛋白霜和巧克力麵糊

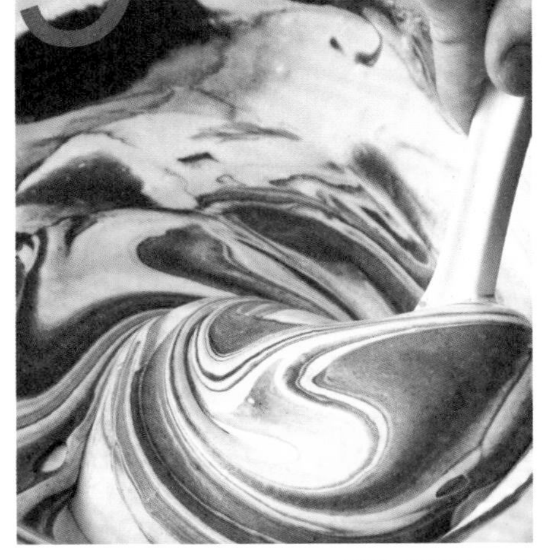

將少量的*2*加入*1*的巧克力麵糊中仔細混拌，再倒回*2*，用橡皮刮刀從碗底由下往上翻拌，直至顏色均勻。

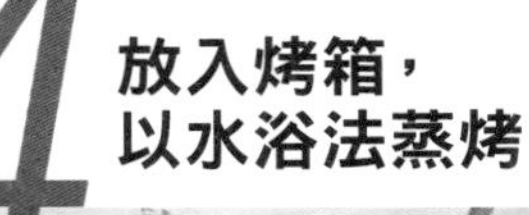

4 放入烤箱，以水浴法蒸烤

把麵糊倒入鋪了烘焙紙的蛋糕模中，並用竹籤插入麵糊，以畫圓的方式攪拌約30圈，消除麵糊中多餘的氣泡。取一個比烤盤略小的托盤倒置於烤盤內，擺上蛋糕模。在烤盤裡倒入約40℃的熱水，放進烤箱以150℃烘烤約30分鐘，再調至140℃烘烤約60分鐘（過程中如果發現熱水變少，請務必加水，讓烤盤中保持有水的狀態）。烤好後取出放涼，待其完全冷卻後再脫模、撕去烘焙紙。

依照個人喜好，佐上酸甜的莓果醬！

巧克力舒芙蕾起司蛋糕 佐莓果醬

材料：〔直徑15cm（6吋）的巧克力舒芙蕾起司蛋糕1個的份量〕

巧克力舒芙蕾起司蛋糕（作法請參閱P42～43）——1個

＜莓果醬：方便製作的份量＞

冷凍綜合莓果——100g

糖粉——30g

檸檬汁——10g

1 拌合莓果醬的材料，放入冰箱冷藏30分鐘以上。

2 切一塊巧克力舒芙蕾起司蛋糕，淋上適量的莓果醬。

製作過程中，甜甜的香氣令人食指大動！

肉桂香草舒芙蕾起司蛋糕

材料：〔直徑15cm(6吋)的圓形活底蛋糕模1個的份量〕

肉桂粉——適量

低筋麵粉——50g

香草莢——依個人喜好(本食譜使用1/2根)(也可用少量的香草油替代)

白巧克力——20g

原味優格——200g

雞蛋——3顆

二砂——100g

1. 將肉桂粉和低筋麵粉一起過篩3次。
劃開香草莢，用刀背或湯匙輕輕刮出香草籽，加入優格中。
2. 將巧克力放入耐熱調理碗，包上保鮮膜，
微波(600W)加熱約30秒後混拌，
重複1～2次，讓巧克力完全融化。
3. 將蛋黃和蛋白分離，蛋白倒入略大的調理碗中。
蛋黃加進*2*的巧克力充分混拌，
再依序加入*1*的優格、篩過的粉類拌勻。
4. 依照巧克力舒芙蕾起司蛋糕的作法*2*～*4*(P42～43)
製作麵糊，放入烤箱烘烤。

Sponge cake

海綿蛋糕

海綿蛋糕是草莓鮮奶油蛋糕、蛋糕捲的基底。
若能烤出柔軟濕潤、味道溫和的海綿蛋糕，
在嘗試各種變化食譜時，就更能夠樂在其中。

如果是江口主廚的作法， 》 沒有這樣做也沒關係！

打發蛋和砂糖時，不隔水加熱也沒關係！

這是因為

雖然隔水加熱可以更快打發，
但卻也容易
讓蛋糕組織變得粗糙，
所以並不建議那麼做。

粉類不必分成數次加入也沒關係！

這是因為

因為蛋已經充分打發，
一次全部加進去混拌
也不會消泡。

海綿蛋糕的全新做法

材料：〔直徑15cm（6吋）的
圓形活底蛋糕模1個的份量〕
雞蛋——3顆
細砂糖——90g
低筋麵粉——70g
無鹽奶油——15g
鮮奶油（35%）——10g

1 雞蛋務必確實打發

把蛋打入略大的調理碗內攪散。加入細砂糖，用手持電動攪拌機以高速攪打5～7分鐘；接著調為低速，攪打1～3分鐘，打發成均勻的蛋糊。

2 加入低筋麵粉，仔細拌勻

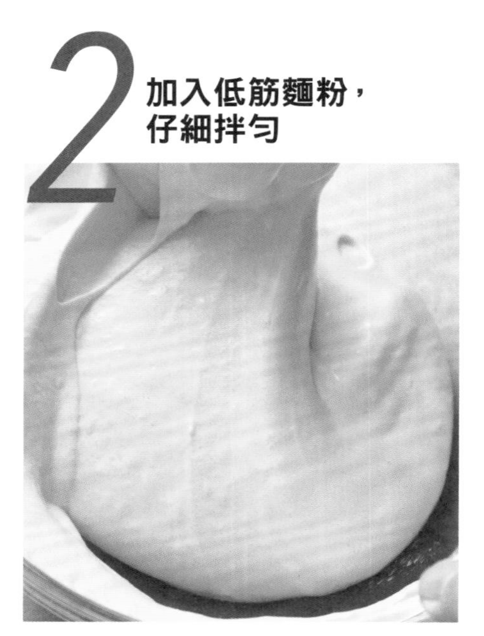

低筋麵粉過篩後，一次全部加入*1*裡。一邊轉動調理碗，一邊用橡皮刮刀從碗底由下往上翻拌，拌至沒有粉粒的狀態為止。

From Eguchi

加了鮮奶油的蛋糕質地相當濕潤，雞蛋打發時不隔水加熱，是讓海綿蛋糕的組織變得細緻的訣竅。

3 加入奶油和鮮奶油充分拌合

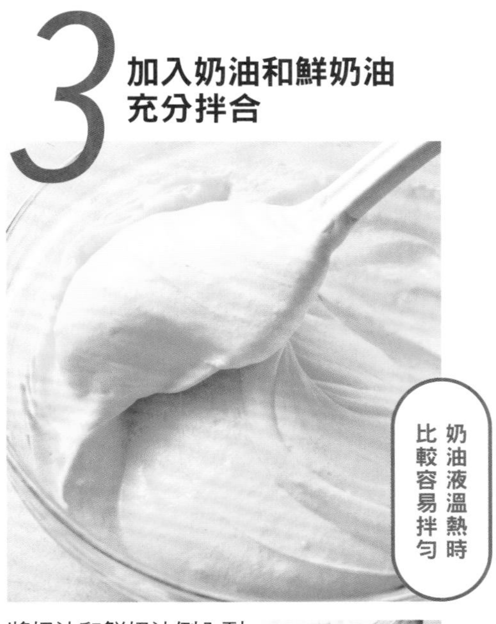

奶油液溫熱時比較容易拌勻

將奶油和鮮奶油倒入耐熱調理碗中，包上保鮮膜，微波(600w)加熱約30秒，使其融化成奶油液。取少量的*2*加入混拌，接著倒回*2*裡，用橡皮刮刀從碗底由下往上翻拌均勻。

同時開始將烤箱預熱至180℃。

4 倒入烤模，放入烤箱烘烤

將麵糊倒入鋪了烘焙紙的蛋糕模中，拿起蛋糕模，底部對著桌面輕敲幾下，使麵糊均勻分布。放進烤箱以170℃烤35～40分鐘，烤好後取出蛋糕模，把底部對著桌面輕摔數次，藉由撞擊防止蛋糕回縮。接著脫模，靜置1～2小時，待其完全冷卻後，撕掉烘焙紙。

The Arrange

海綿蛋糕的華麗大變身！

草莓鮮奶油蛋糕

材料：〔直徑15cm（6吋）的海綿蛋糕1顆的份量〕

海綿蛋糕（作法請參閱P48～49）——1個

糖粉——適量

<裝飾>

鮮奶油（45%）——400g

細砂糖——30g

草莓——1～2盒

1 將海綿蛋糕的上下表皮薄切去除，剩下的蛋糕體則切成厚度相同的3等分。如圖示，用厚1.5cm的切片棒夾住蛋糕，沿著切片棒橫切，就能切出平整的蛋糕片。

2 將糖粉倒入托盤內攤平，把切好的三片蛋糕重疊，放在托盤上前後滾動，讓蛋糕側面均勻沾上糖粉。

3 將鮮奶油和細砂糖倒入調理碗，用手持電動攪拌機打發至可拉出挺立尖角的狀態，填入裝上星型花嘴的擠花袋。草莓事先去除蒂頭，取一片蛋糕，以放射狀的方式擺放6顆草莓，在中央和縫隙處擠上鮮奶油；接著再於中央放上3顆草莓，擠上鮮奶油填補縫隙。

4 再放一片蛋糕，用砧板等物品輕壓，使其平整。依序在周圍和中央擠上鮮奶油後，放上最後一片的蛋糕，擠上鮮奶油，並在中央放上草莓裝飾。

將海綿蛋糕的麵糊倒入深烤盤中，抹平表面再烘烤！

蛋糕捲

材料：〔1條的份量〕

海綿蛋糕的材料（請參閱P48）——全部

<巧克力鮮奶油>

- 白巧克力——70g
- 麥芽糖——10g
- 鮮奶油（45%）——160g

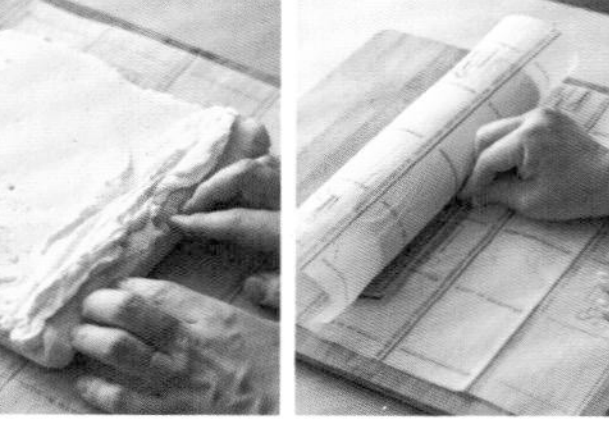

1 依照海綿蛋糕的作法*1*～*3*（P48～49）製作麵糊，
倒入鋪了烘焙紙的方型烤盤（27×27cm）中。
放進烤箱以180℃（先預熱至190℃）烘烤約20分鐘。
烤好後脫模放涼。

2 將巧克力鮮奶油的材料（鮮奶油取一半的份量）
倒入耐熱調理碗，包上保鮮膜，微波（600W）加熱約30秒，
重複4次後，混拌均勻。將剩下的鮮奶油全數加入，
拌勻後放進冰箱冷藏2小時以上，打發成質地略硬的狀態。

3 撕除*1*的烘焙紙，將烤上色的蛋糕皮（正面）朝上，
移至新的烘焙紙上。取少量*2*的鮮奶油，均勻塗抹在蛋糕上。
在靠近自己的這端，把鮮奶油鋪成長條狀，
拉起底部的烘焙紙往前捲。
捲好後，把剩餘的烘焙紙轉向自己，
用直尺等物品抵住蛋糕接合處（下方），
邊拉烘焙紙邊用直尺往前推，收緊蛋糕捲，放進冰箱冷藏。

不必捲起來的蛋糕捲！

紅豆奶油蛋糕捲

材料：〔1條的份量〕

海綿蛋糕的材料（請參閱P48）——全部

＜巧克力鮮奶油＞

- 白巧克力——70g
- 麥芽糖——10g
- 鮮奶油（45%）——160g
- 水煮紅豆罐頭——適量

1 依照蛋糕捲的作法*1*（P52）烘烤蛋糕，脫模放涼。

2 依照作法*2*（P52）製作巧克力鮮奶油，填入裝上圓形花嘴的擠花袋中。

3 將透明圍邊的寬剪成5cm，用透明膠帶固定圍成直徑約9cm的圈狀。撕掉*1*的烘焙紙後，稍微切掉四邊，再切成寬3cm的條狀，把蛋糕皮那面朝內放入圍邊，做成甜甜圈狀。中央擠入*2*，放進冰箱冷藏。

4 拆掉圍邊，最後淋上水煮紅豆。

Cream Puff

奶油泡芙

不必開火加熱就能完成的嶄新作法。
即使是難度很高的奶油泡芙，也能用微波爐輕鬆完成！

如果是江口主廚的作法，　沒有這樣做也沒關係！

麵糊不必爐上加熱
也沒關係！

▼▼▼ 這是因為

即使是用微波加熱，
也能做出
鬆軟的泡芙皮。

卡士達醬
不在爐上加熱
也沒關係！

▼▼▼ 這是因為

即使是用微波加熱，
也能做出
柔滑細緻的質地。

奶油泡芙的全新做法

材料：〔約8個的份量〕

<泡芙皮>

- 低筋麵粉——60g
- 無鹽奶油——50g
- 水——80g
- 蛋液——約2顆雞蛋（110～120g）

<卡士達醬>

- 低筋麵粉——15g
- 蛋黃——2顆
- 細砂糖——50g
- 牛奶——150g

鮮奶油（35%）——150g

糖粉——適量

1 製作巧克力麵糊

先將低筋麵粉過篩，奶油和水倒入耐熱調理碗，包上保鮮膜，微波（600w）加熱約90秒，使奶油完全融化，接著倒入低筋麵粉，用橡皮刮刀仔細混拌。再次包上保鮮膜，微波加熱約30秒後拌勻，重複2次（麵糊會變得很燙，請小心避免燙傷）。加入1/2量的蛋液，充分混拌均勻，再加入剩下的蛋液拌勻。

同時開始將烤箱預熱至200℃。

2 烘烤泡芙皮

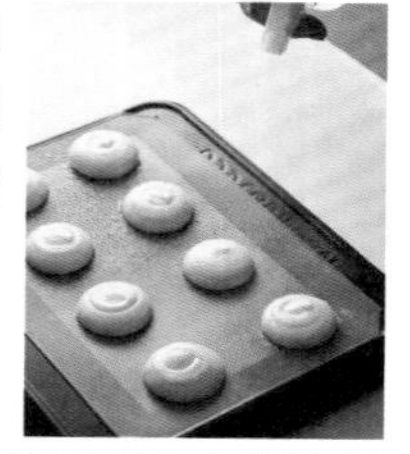

將烤盤倒置，鋪放矽膠烤墊（或烘焙紙），用直徑約5cm的杯子邊緣沾點低筋麵粉（材料份量外），在烤墊上蓋出8個圓。把*1*填入裝上圓形花嘴的擠花袋，配合烤墊上的圓型大小擠出麵糊，再用噴霧器稍微噴濕表面。放進烤箱以190℃烘烤約35分鐘（烤的過程中絕對不要打開烤箱喔！），烤好後取出放涼。

比起必須依靠感覺與經驗的爐火加熱法，只要遵守加熱時間和次數的微波方式更不容易失敗。

3 製作卡士達醬

先將低筋麵粉過篩。在耐熱調理碗內倒入蛋黃和細砂糖，用打蛋器混拌。接著加入低筋麵粉，拌至沒有粉粒的狀態後，倒入牛奶仔細混拌。包上保鮮膜，微波加熱約30秒，並用打蛋器混拌，重複7次，直到質地變得軟嫩帶彈性的狀態為止。將煮好的卡士達醬倒在鋪了保鮮膜的托盤內攤平，在表面蓋上保鮮膜，放進冰箱冷藏約30分鐘。

4 擠入卡士達醬

將鮮奶油用手持電動攪拌機打發成不會流動的固態質地（稍微有塊狀也OK）。把**3**放入調理碗，用橡皮刮刀拌至出現彈性後，加入鮮奶油混拌，填入裝上星型花嘴的擠花袋中。用刀子在泡芙皮上斜劃一刀，從切口擠入滿滿的卡士達奶油，最後用濾茶網撒上糖粉做裝飾。

微波爐立大功，盡情享受紅茶與肉桂的香氣！

印度拉茶泡芙

材料：〔約8個的份量〕

泡芙皮麵糊的材料（請參閱P56）——全部
肉桂粉——1g
<印度奶茶餡>
水——100g
紅茶葉——10g
牛奶——120g
低筋麵粉——15g
蛋黃——2顆
細砂糖——50g
鮮奶油（35%）——150g
肉桂粉——適量

1 將製作泡芙皮用的低筋麵粉和肉桂粉一起過篩3次，依照奶油泡芙的作法1、2（P56）製作麵糊、烘烤泡芙皮。

2 將製作奶茶餡的水倒入小鍋內煮滾，加入紅茶葉，關火並蓋上鍋蓋，燜5分鐘。待茶色變深後，加入牛奶再次煮滾，用篩網過濾後，擠出茶葉的水分。秤量液體重量，若未達150g，請加入牛奶（材料份量外），直至150g為止。完全冷卻後，依照作法3（P57）製作餡料，放進冰箱冷藏約30分鐘。

3 依照作法4（P57）打發鮮奶油，和2拌合，填入裝上星型花嘴的擠花袋。從泡芙皮的底部擠入奶茶奶油，上方也擠花做裝飾，最後用濾茶網撒些肉桂粉。

加入可可粉和苦甜巧克力，打造成熟深奧的風味！

雙重巧克力泡芙

材料：〔約8個的份量〕

＜泡芙皮＞
- 低筋麵粉——50g
- 可可粉——10g
- 無鹽奶油——50g
- 水——80g
- 蛋液——約2顆雞蛋(110～120g)

＜卡士達醬＞
- 低筋麵粉——15g
- 蛋黃——2顆
- 細砂糖——50g
- 牛奶——150g

苦甜巧克力(67%)——40g
鮮奶油(35%)——150g
可可粉——適量

1 將製作泡芙皮用的低筋麵粉和可可粉一起過篩3次，
依照奶油泡芙的作法1、2(P56)製作麵糊、烘烤泡芙皮。

2 依照作法3(P57)加熱、混拌卡士達醬的材料，
趁熱加入巧克力，仔細拌至巧克力融化，
接著依照個人喜好，拌入適量的巧克力豆(材料份量外)。
將煮好的巧克力卡士達醬倒在鋪了保鮮膜的托盤內攤平，
表面蓋上保鮮膜，放進冰箱冷藏約30分鐘。

3 依照作法4(P57)打發鮮奶油，和2拌合，
填入裝上圓形花嘴的擠花袋。
用刀子劃開1的泡芙皮，擠入巧克力奶油，
最後用濾茶網撒上可可粉做裝飾。

Terrine chocolat

法式巧克力凍蛋糕

綿密柔滑、入口即化的巧克力甜點，
居然三兩下就能完成。
喜愛巧克力的人請務必試一試。

如果是江口主廚的作法，　沒有這樣做也沒關係！

巧克力不必隔水加熱也沒關係！

這是因為

用微波爐加熱即可！
不需要過於擔心，
巧克力會均勻融化。

雞蛋不必加熱也沒關係！

這是因為

巧克力、二砂和奶油
都已經充分加熱，
所以使用常溫雞蛋即可。

法式巧克力凍蛋糕的全新做法

材料：〔7.5×17×高6cm的磅蛋糕模1個的份量〕

苦甜巧克力(67%)——125g
牛奶巧克力(41%)——35g
二砂——60g
無鹽奶油——110g
雞蛋——2顆(約120g)

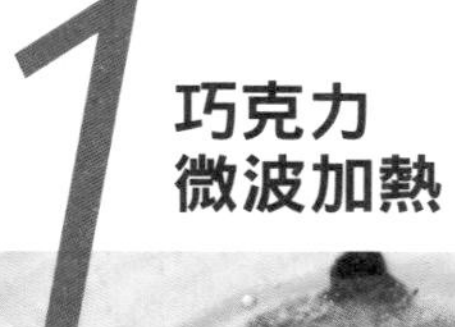

1 巧克力微波加熱

將2種巧克力、二砂、奶油放入耐熱調理碗，包上保鮮膜，微波(600w)加熱約30秒，重複5次後，用打蛋器混拌。

2 用打蛋器混拌

邊用打蛋器混拌，邊確認有無未融化的結塊；如果有結塊，則需再放入微波爐加熱約30秒。

同時開始將烤箱預熱至170℃。

From Eguchi

吃起來是不是很滑順可口呢？
正因為麵糊是趁熱烘烤而成，
所以口感才會如此滑順！

3 加入雞蛋，充分拌勻

把雞蛋打入*2*裡，充分混拌至呈現光澤感。

4 倒入烤模，放進烤箱烘烤

將麵糊倒入鋪了烘焙紙的磅蛋糕模，拿起蛋糕模，底部對著桌面輕敲幾下，使麵糊表面平整。放進烤箱以160℃烤20～25分鐘，烤好後放涼，放進冰箱冷藏1小時。接著脫模，撕掉烘焙紙。

Mille-feuille

千層派

酥脆的派皮與柔滑的卡士達醬形成絕妙的對比口感。
夾入卡士達醬後，精緻可愛的造型相當討喜。

如果是江口主廚的作法， 沒有這樣做也沒關係！

派皮不必自製也沒關係！

這是因為

只要把市售的派皮
擀開使用即可。

製作卡士達醬不必爐上加熱也沒關係！

這是因為

用微波爐加熱，
比較不會失敗。

千層派的全新做法

材料：〔約5個的份量〕

<派皮>

- 冷凍派皮（18×18cm）——2塊
- 糖粉——約60g

<卡士達醬>

- 低筋麵粉——15g
- 蛋黃——2顆
- 細砂糖——30g
- 牛奶——150g
- 香草莢——依個人喜好（此食譜使用1/4根）

1 烘烤冷凍派皮

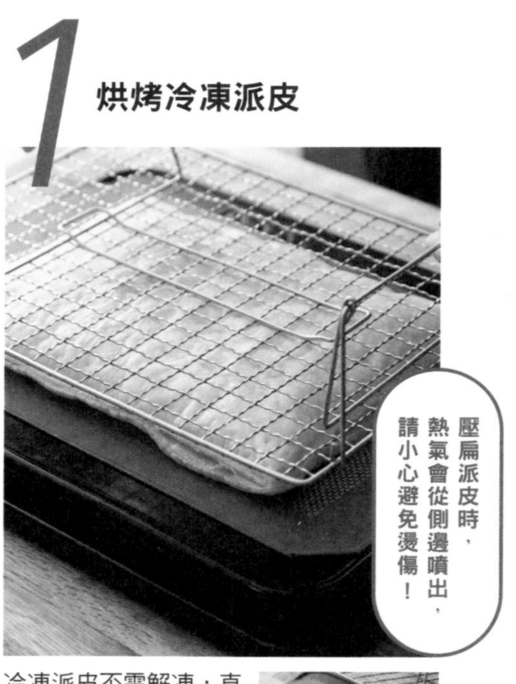

壓扁派皮時，熱氣會從側邊噴出，請小心避免燙傷！

冷凍派皮不需解凍，直接用擀麵棍擀成約1.5倍大。將烤盤倒置，鋪放矽膠烤墊（或烘焙紙），擺上派皮。放進烤箱以200℃烤約15分鐘，烤至派皮膨脹上色。接著取出，用平整的物品（如冷卻架）用力壓扁。

同時開始將烤箱預熱至210℃。

2 撒上糖粉，再次放入烤箱

取約15g的糖粉，以濾茶網均勻撒在派皮上，放進烤箱以190℃烤約10分鐘。等到糖粉融化變成焦糖色後，取出撒上約15g的糖粉，再次烘烤約10分鐘。接著以同樣步驟烘烤另一片派皮，烤好後靜置冷卻。

From Eguchi

糖粉化身焦糖，使派皮變得酥脆。香酥的口感令人每嚐一口都忍不住露出滿意的笑容！

3 製作卡士達醬

先將低筋麵粉過篩。在耐熱調理碗內倒入蛋黃和細砂糖，用打蛋器混拌。接著加入低筋麵粉，拌至沒有粉粒的狀態後，倒入牛奶仔細混拌。包上保鮮膜，微波加熱約30秒，並用打蛋器混拌，重複7次，直到質地變得軟嫩帶彈性的狀態為止。將煮好的卡士達醬倒在鋪了保鮮膜的托盤內攤平，表面也蓋上保鮮膜，放進冰箱冷藏約30分鐘。

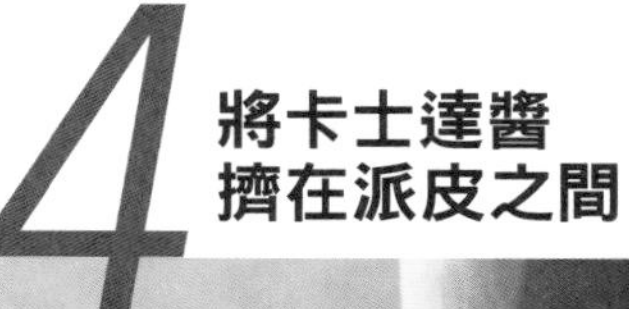

4 將卡士達醬擠在派皮之間

先用麵包刀稍微切掉派皮的四邊，再切成約3.5x10cm的大小，3片為一組。取出卡士達醬，拌成柔滑狀後，填入裝上圓形花嘴的擠花袋中，在派皮上擠出2排小水滴狀的內餡。放上另一片派皮，一樣擠上卡士達醬後，再放上最後一片派皮。

Lemon tart

檸檬塔

使用兩顆新鮮檸檬汁液做成的檸檬奶油醬，
味道相當清香爽口。
喜歡清爽甜點的人，不妨嘗試做做看。

如果是江口主廚的作法， 沒有這樣做也沒關係！

塔皮不必烘烤 也沒關係！

這是因為

將壓碎的餅乾
加上融化的巧克力混拌，
速成塔皮立即完成！

製作檸檬奶油醬時 不必爐上加熱 也沒關係！

這是因為

用微波爐加熱，
做出來的奶油醬
質地相當滑順。

檸檬塔的
全新做法

材料：〔直徑18cm的活底塔模1個的份量〕

<塔皮>

- 市售餅乾——120g
- 白巧克力——70g

<檸檬餡>

- 雞蛋——2顆
- 細砂糖——90g
- 檸檬汁——2顆的量
- 無鹽奶油——150g

1 製作塔皮

將餅乾放入塑膠袋或夾鏈袋，用擀麵棍壓成粉末狀。巧克力放入耐熱調理碗，包上保鮮膜，微波(600w)加熱約30秒，並用打蛋器混拌，重複2～3次。待巧克力完全融化後，加入壓成粉末的餅乾裡搓揉混勻。倒入塔模，用平底的杯子按壓整型，先從中央開始按壓，讓餅乾團擴張開來，再推往邊緣。放進冰箱冷凍，使其完全冷卻定型。

2 製作檸檬餡

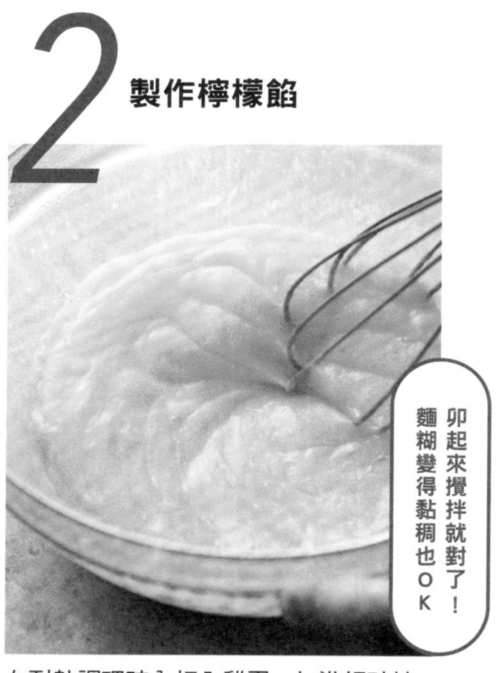

在耐熱調理碗內打入雞蛋，加進細砂糖，用打蛋器混拌，再加入檸檬汁充分混拌。包上保鮮膜，微波(600w)加熱約30秒、用橡皮刮刀混拌，重複7次。

From Eguchi

**不必使用烤箱就能完成，是不是超棒？
作法簡單又很美味，
簡直可以說是十全十美（笑）！**

3 加入奶油 降溫冷卻

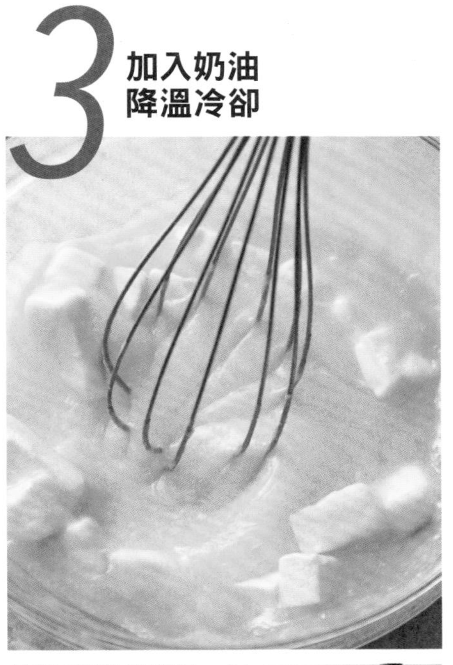

趁著**2**還熱的時候，加入切成1cm塊狀的奶油，用打蛋器壓爛混拌，使奶油融化。碗底泡冰水冷卻降溫，用打蛋器拌至柔滑狀。

4 將檸檬醬 倒入塔皮

把**3**倒入**1**裡，放進冰箱冷藏1小時以上。試著觸摸表面，不會黏手就表示大功告成，可以脫膜了。

Chocolat ganache tart

生巧克力塔

質地細膩絲滑，味道正統道地的巧克力塔。
風味濃郁的甘納許，好吃到極點！

如果是江口主廚的作法，　沒有這樣做也沒關係！

塔皮不必烘烤也沒關係！

▼ 這是因為

把融化的巧克力
與碎餅乾混拌後，
平鋪在塔模內即可。

鮮奶油不必用鍋子加熱也沒關係！

▼ 這是因為

和巧克力
一起微波加熱
就可以了。

生巧克力塔的全新做法

材料：〔直徑 18cm 的活底塔模 1 個的份量〕

＜塔皮＞

- 市售餅乾——120g
- 苦甜巧克力（67%）——50g

＜甘納許巧克力＞

- 苦甜巧克力（67%）——240g
- 鮮奶油（35%）——200g
- 可可粉——適量

1 將餅乾壓碎製作塔皮

將餅乾放入塑膠袋或夾鏈袋，稍微封口，用擀麵棍等物品壓成粉末狀。

2 加入巧克力混拌，平鋪在塔模內

將用於製作塔皮的巧克力放入耐熱調理碗，包上保鮮膜，微波（600w）加熱約30秒，再用打蛋器混拌。重複2～3次，待巧克力完全融化後，加入*1*裡搓揉混勻。倒入塔模，用平底的杯子按壓整型。先按壓中央，讓餅乾團擴散開來，再往邊緣按壓推平。放進冰箱冷凍，使其完全冷卻定型。

From Eguchi

**巧克力入口即化的口感超讚！
搭配酥脆的塔皮，
形成絕妙和諧的味覺饗宴。**

3 製作甘納許

將用於製作甘納許的巧克力和鮮奶油倒入耐熱調理碗，包上保鮮膜，微波加熱約30秒。重複4～5次後，用橡皮刮刀從中央慢慢往外側以畫圓的方式混拌。

4 倒入甘納許，放進冰箱冷藏定型

把3倒入2裡後，拿起塔模，對著桌面輕敲幾下，讓甘納許均勻攤平，放進冰箱冷藏30分鐘。觸摸表面時，甘納許不會黏手即可脫膜。最後用濾茶網，在表面均勻撒上可可粉。

Chocolate macaron

巧克力馬卡龍

不同於一般作法，
本書傳授專家級的簡易技巧。
不壓拌、不靜置乾燥，
混拌後直接烘烤，也能做出道地的馬卡龍。

如果是江口主廚的作法，　沒有這樣做也沒關係！

不壓拌
也沒關係！

這是因為

只要將蛋白霜
分次加入、
充分拌勻就可以了。

烘烤前
不必靜置乾燥
也沒關係！

這是因為

以低溫慢慢烘烤，
即使沒有先讓表面乾燥，
也不會出現裂痕。

巧克力馬卡龍的全新做法

材料：〔約30個的份量〕

＜馬卡龍麵糊＞

- 杏仁粉——85g
- 可可粉——10g
- 糖粉——95g
- 蛋白——2顆
- 細砂糖——60g

＜甘納許巧克力＞

- 苦甜巧克力(67%)——100g
- 牛奶——100g

1 製作馬卡龍麵糊

將杏仁粉、可可粉、糖粉一起過篩3次，倒入調理碗。加入一半份量的蛋白，用橡皮刮刀混拌成糊狀。試著用手觸摸，不會黏手即表示完成。包上保鮮膜備用。

同時開始將烤箱預熱至150℃。

2 製作蛋白霜

蛋白霜的硬度是外殼成功的關鍵！

在耐熱調理碗內倒入滾水，再取另一個耐熱調理碗，倒入剩下的蛋白和細砂糖，泡在裝了滾水的碗裡。用手持電動攪拌機打發。（隔著熱水打發，讓蛋白液的溫度慢慢上升，打出紮實光亮、即使碗身傾斜也不會流動的高密度蛋白霜）

From Eguchi

自己在家做馬卡龍，聽起來是不是很厲害呢？這個食譜相當簡單，任誰都能輕鬆學會！人人都能自信滿滿地說：「我會做馬卡龍！」

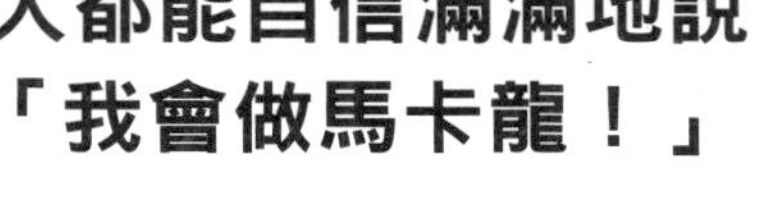

3 完成麵糊，放入烤箱烘烤

取一部分的蛋白霜，加入**1**裡混拌。拌勻後再加入剩下的蛋白霜充分混拌。將烤盤倒置，鋪上用寶特瓶蓋畫圓做記號的紙後，再放上矽膠烤墊或烘焙紙。把麵糊填入裝上直徑9mm圓形花嘴的擠花袋中，配合紙上的記號大小擠出圓形。放進烤箱以140℃烤15～18分鐘，每隔5分鐘開一次烤箱釋放蒸氣，總共開3次。剩下的麵糊也依相同方式烘烤、放涼。

4 擠上甘納許

將甘納許的材料倒入耐熱調理碗，包上保鮮膜，微波(600W)加熱約30秒，重複4次後拌勻。倒入托盤攤平，放進冰箱冷藏30分鐘～1小時，降溫至可擠花的硬度。填入裝上直徑9mm圓形花嘴的擠花袋，擠在兩片一組的**3**上當作夾餡。

綠色的馬卡龍與加了草莓乾的甘納許，形成鮮豔明亮的視覺享受！

抹茶草莓馬卡龍

材料：〔約30個的份量〕

＜馬卡龍麵糊＞

- 杏仁粉——90g
- 抹茶粉——8g
- 糖粉——95g
- 蛋白——2顆
- 細砂糖——60g

＜甘納許＞

- 白巧克力——250g
- 牛奶——60g
- 抹茶粉——10g
- 冷凍乾燥草莓碎粒——5g

1 將杏仁粉、抹茶粉、糖粉一起過篩3次，依照巧克力馬卡龍的作法*1*〜*3*(P78〜79)製作麵糊、烘烤馬卡龍。

2 將甘納許的巧克力和牛奶倒入耐熱調理碗，包上保鮮膜，微波(600W)加熱約30秒，重複4次後，用打蛋器混拌。巧克力融化後，取一部分倒入另一個調理碗中，加入抹茶粉混拌均勻，接著倒回原本的調理碗，加入冷凍乾燥草莓碎粒，放進冰箱冷卻至可擠花的硬度。

3 把*2*擠在兩片一組的馬卡龍中間當作夾餡。

凍乾草莓顏色鮮豔，也可作爲糖果的配料。

夾入添加糖漬橙條的甘納許！

柳橙巧克力馬卡龍

材料：〔約30個的份量〕

＜馬卡龍麵糊＞

- 杏仁粉——85g
- 可可粉——10g
- 糖粉——95g
- 蛋白——2顆
- 細砂糖——60g

＜甘納許＞

- 苦甜巧克力（67%）——100g
- 牛奶——100g
- 糖漬橙條——40g

1 依照巧克力馬卡龍的作法*1〜3*（P78〜79）製作麵糊、烘烤馬卡龍。

2 依照作法*4*（P79），加入切碎的糖漬橙條，製作甘納許，放進冰箱冷卻至可擠花的硬度。

3 把*2*擠在兩片一組的馬卡龍中間當作夾餡，依個人喜好，擺些切碎的糖漬橙條做裝飾。

Diamant

鑽石餅乾

令人欲罷不能的經典餅乾——沙布列。
顆粒細緻的鹽之花是美味關鍵，
口感酥鬆、甜中帶點微鹹，
令人回味無窮的好滋味！

如果是江口主廚的作法，　沒有這樣做也沒關係！

混拌奶油和砂糖時 不必擦底* 也沒關係！

▼▼▼ 這是因為

混拌時，
讓砂糖吸收奶油的水分
就可以了。

麵團沾裹砂糖前，不必擦水 也沒關係！

▼▼▼ 這是因為

不需要多餘的水分，
即使不擦水，
砂糖也會直接沾附。

＊譯注：用打蛋器或橡皮刮刀，輕輕摩擦調理碗底部的攪拌手法。

鑽石餅乾的全新作法

材料：〔約16片的份量〕
無鹽奶油——60g
糖粉——40g
蛋黃——1顆
鹽之花——2g
低筋麵粉——100g
杏仁粉——25g
細砂糖——適量

1 混拌奶油、糖粉、蛋黃和鹽之花

鹽之花正是造就美味的關鍵！

從冰箱取出奶油退冰回軟，放入略大的調理碗中。加入糖粉，用橡皮刮刀拌至柔滑狀，再加進蛋黃和鹽之花混拌。

2 加入粉類拌合

低筋麵粉和杏仁粉一起過篩3次後，加入*1*裡，用橡皮刮刀混拌。拌勻後，觸摸確認麵團沒有黏手，碗內沒有殘留粉團即表示完成。

From Eguchi

超讚的酥鬆口感，
是不是讓你忍不住一片接著一片？
鹽之花使整體口感大大加分！

3 將麵團搓成棒狀，冷藏後沾裹砂糖

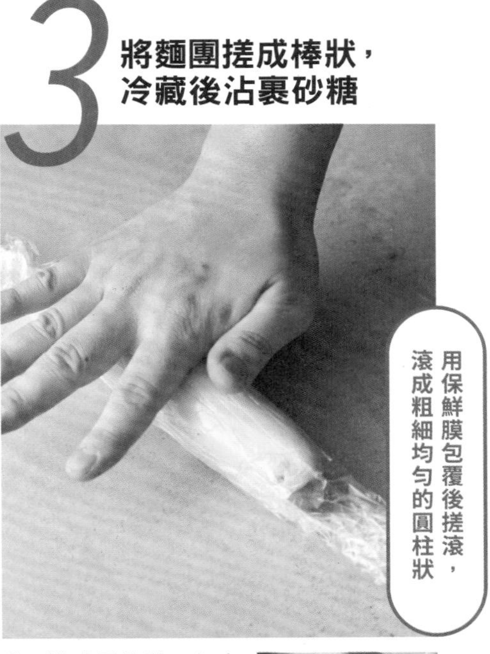

將**2**搓成長條狀，包上保鮮膜，用手掌搓滾成直徑約3cm的圓柱狀，放進冰箱冷藏約30分鐘。麵團變硬後，拆掉保鮮膜，放入鋪滿細砂糖的托盤內滾動沾裹。

同時開始將烤箱預熱至170℃。

4 切片，放入烤箱烘烤

把**3**切成每片約1.5cm寬的大小，擺上鋪了烘焙紙的烤盤，放進烤箱以160℃烤約20分鐘。

The Arrange

堅果的香氣和餅乾輕盈的口感超搭！

杏仁可可鑽石餅乾

材料：〔約16片的份量〕
杏仁片——50g
無鹽奶油——60g
糖粉——40g
蛋黃——1顆
鹽之花——2g
低筋麵粉——80g
可可粉——20g
杏仁粉——25g
細砂糖——適量

1 把杏仁片放進烤箱內稍微烘烤。
2 將低筋麵粉、可可粉、杏仁粉一起過篩3次。依照鑽石餅乾的作法*1*、*2*(P84)製作麵團，拌入杏仁片。
3 再依照作法*3*、*4*(P85)整型、烘烤。

加入鮮綠色的抹茶粉，變出清香爽口的滋味！

抹茶鑽石餅乾

材料：〔約16片的份量〕
無鹽奶油——60g
糖粉——40g
蛋黃——1顆
鹽之花——2g
低筋麵粉——90g
抹茶粉——5g
杏仁粉——25g
細砂糖——適量

1 低筋麵粉、抹茶粉、杏仁粉一起過篩3次。依照鑽石餅乾的作法*1*、*2*(P84)製作麵團。
2 再依照作法*3*、*4*(P85)整型、烘烤。

餅乾體的鹹味與巧克力的甜味相當契合！

巧克力豆鑽石餅乾

材料：〔約16片的份量〕
無鹽奶油——60g
糖粉——40g
蛋黃——1顆
鹽之花——2g
低筋麵粉——100g
杏仁粉——25g
水滴巧克力豆——30g
細砂糖——適量

1 依照鑽石餅乾的作法*1*、*2*(P84)製作麵團，拌入水滴巧克力豆。
2 再依照作法*3*、*4*(P85)整型、烘烤。

佛羅倫汀

**略硬的餅乾體與焦糖杏仁片的絕妙組合。
細細咀嚼，味道及香氣會在唇齒之間逐漸擴散，
請試著在家中做來品嚐看看！**

如果是江口主廚的作法， 》 沒有這樣做也沒關係！

麵團烘烤之前不必戳洞也沒關係！

▼ 這是因為

因為麵糰沒有添加蛋白，
水分不多，
即使沒有戳洞，
表面也不會變得凹凸不平。

沒有煮成焦糖色也沒關係！

▼ 這是因為

最後會放進烤箱烘烤，
屆時就會變成焦糖色。
所以煮融砂糖時，
只需煮至淺褐色即可。

佛羅倫汀的全新做法

材料：〔18×18cm的活底方型蛋糕模1個的份量〕

＜餅乾麵團＞
- 無鹽奶油——50g
- 低筋麵粉——100g
- 糖粉——40g
- 蛋黃——1顆

＜焦糖杏仁＞
- 細砂糖——30g
- 無鹽奶油——20g
- 蜂蜜——25g
- 鮮奶油（35%）——30g
- 杏仁片——40g

1 製作餅乾麵團

混拌至麵團不會黏手的狀態為止！

將奶油靜置於常溫退冰；低筋麵粉過篩。將軟化後的奶油放入調理碗，用橡皮刮刀拌至柔滑狀後，加入糖粉混拌，讓糖粉吸收奶油的水分。接著加進蛋黃，拌勻後再加入麵粉，混拌至沒有粉粒、不會黏手的狀態為止。把麵團整型成正方形，包上保鮮膜，放進冰箱冷藏約2小時。

待麵團冷藏至質地偏硬後，開始將烤箱預熱至170℃。

2 烘烤餅乾麵團

拆掉*1*的保鮮膜，蓋上烘焙紙，用擀麵棍壓成2～3cm厚的正方形。把方型蛋糕模的底板放在麵團上，將麵團切成相同大小後，連同底板一起翻面，放入模具當中。擺上倒置的烤盤，放進烤箱以160℃烤約15分鐘。

烘烤完成後，接下來請將烤箱預熱至180℃。

獻給辛苦的自己！
咬下去有沒有發出酥脆的「咔喀」聲呢？
當作禮物送人的話，
對方收到一定也會很開心。

3 製作焦糖杏仁片

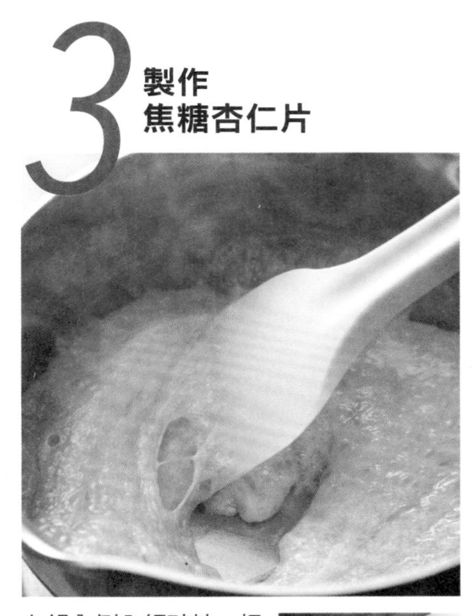

在鍋內倒入細砂糖、奶油、蜂蜜，以大火加熱，並用橡皮刮刀混拌。待細砂糖完全融化後，加入鮮奶油仔細混拌，等到整體呈現煮滾的焦糖狀便可關火。加入杏仁片充分混拌，讓杏仁片均勻沾裹焦糖。

4 放進烤箱烘烤

表面染上漂亮的焦糖色
就表示大功告成！

把*3*倒入*2*裡，用橡皮刮刀攤平，放進烤箱以170℃烤20～25分鐘。烤好後趁熱脫模，稍微放涼至微溫狀態，翻面切塊。

The Arrange

有了芝麻的點綴，香氣倍增！

芝麻佛羅倫汀

材料：〔18×18cm的
活底方型蛋糕模1個的份量〕

<餅乾麵團>

- 佛羅倫汀的餅乾麵團（作法請參閱P90）——全部

<焦糖杏仁>

- 細砂糖——30g
- 無鹽奶油——20g
- 蜂蜜——25g
- 鮮奶油（35%）——30g
- 杏仁片——40g
- 白芝麻——5g

請參閱佛羅倫汀的作法，在*3*（P91）時，
將杏仁片和白芝麻一起拌裹焦糖。

麵團裡加入可可粉，香甜之中帶著微苦！

可可佛羅倫汀

材料：〔18×18cm的
活底方型蛋糕模1個的份量〕

<餅乾麵團>

- 無鹽奶油——50g
- 低筋麵粉——85g
- 可可粉——15g
- 糖粉——40g
- 蛋黃——1顆

<焦糖杏仁>

- 材料請參閱P90

可可粉和低筋麵粉一起過篩3次，在作法*1*（P90）時加入，
再依照作法*2*～*4*（P90～91）製作。

Brownie

布朗尼

使用和苦甜巧克力天生一對的紅糖，
做成口感紮實飽滿的蛋糕體。
請依據個人喜好，大量放入喜歡的堅果。

如果是江口主廚的作法， **沒有這樣做也沒關係！**

奶油和巧克力不必隔水加熱融化也沒關係！

這是因為

微波加熱即可，
奶油也不需要
事先退冰至常溫。

加入粉類之後就算攪拌過頭也沒關係！

這是因為

麵糊需要充分混拌，
拌至沒有粉粒殘留的
狀態比較重要。

布朗尼的
全新作法

材料：〔18×18cm的
活底方型蛋糕模1個的份量〕
苦甜巧克力（67%）——100g
紅糖——200g
無鹽奶油——180g
雞蛋——3顆
低筋麵粉——85g
堅果（依個人喜好添加核桃、腰果等）
——80g

1 巧克力微波加熱使其融化

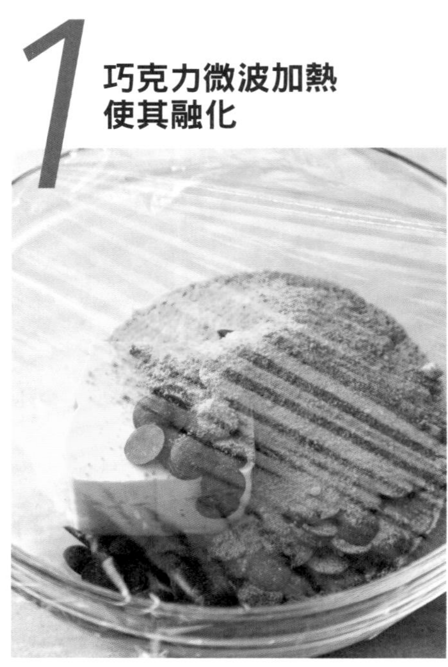

將巧克力、紅糖、奶油放入略大的耐熱調理碗中，包上保鮮膜，微波（600W）加熱約30秒，重複6～7次，使其融化，接著再用打蛋器仔細拌勻。

同時開始將烤箱預熱至160℃。

2 在巧克力中加入雞蛋混拌

打入雞蛋，用打蛋器混拌。剛開始會出現油水分離的情況，但不需要擔心，混拌過程中會確實乳化，請持續混拌至光亮柔滑的狀態為止。

不必擔心油水分離！
就算看起來好像是這樣，
只要繼續混拌就會變得柔滑！

3 加入已過篩的低筋麵粉混拌

將低筋麵粉過篩，加入*2*裡，用打蛋器混拌。為了避免殘留粉粒，請從碗底或側面刮起麵粉混拌，直至呈現具光澤感的狀態。

4 倒入烤模，放進烤箱烘烤

將麵糊倒入鋪了烘焙紙的蛋糕模中，拿起蛋糕模，底部對著桌面輕敲幾下。堅果用手掰碎，均勻撒在麵糊上。放進烤箱以170℃烤約50分鐘，烤好後放涼、脫模，撕掉烘焙紙。

佐上橘子果醬，酸甜不膩口的好滋味！

果醬布朗尼

材料：〔直徑15cm的活底圓形蛋糕模1個的份量〕

苦甜巧克力(67%)——100g

紅糖——200g

無鹽奶油——180g

雞蛋——3顆

低筋麵粉——85g

橘子果醬——適量

1 依照布朗尼的作法1～4(P96～97)製作麵糊，倒入蛋糕模中，表面不撒堅果，放進烤箱以170℃烤約65～70分鐘。

2 烤好後脫模，靜置放涼。撕掉烘焙紙，表面塗上橘子果醬。

※ 也可依個人喜好，塗抹草莓等其他口味的果醬或者花生醬。

以冷凍莓果或者香蕉薄片裝飾搭配！

莓果布朗尼

材料：〔18×18cm的活底方型蛋糕模1個的份量〕
苦甜巧克力（67%）——100g
紅糖——200g
無鹽奶油——180g
雞蛋——3顆
低筋麵粉——85g
冷凍綜合莓果——120g

1 依照布朗尼的作法1～4（P96～97）製作麵糊。倒入蛋糕模中，表面不撒堅果，均勻撒上冷凍綜合莓果。
（因為草莓容易下沉，請先半解凍後縱切成三等分）

2 放進烤箱，以170℃烤約60分鐘以上。表面變乾之後，試著用竹籤插入蛋糕，確認麵糊沒有沾黏即完成。烤好後放涼冷卻、脫模，撕掉烘焙紙。

Scone

司康

愛吃司康卻覺得烘烤很難的人，
請嘗試跟著這個食譜做做看。
現烤現吃最為美味，
中間抹上果醬、夾入奶油，滋味更是一絕。

如果是江口主廚的作法，》沒有這樣做也沒關係！

麵粉和奶油 不必用手搓拌 也沒關係！

這是因為

藉由混拌的動作，
讓奶油均勻分散即可。

不必使用壓模 也沒關係！

這是因為

用刀子切塊，
這樣就不會產生多餘的壓邊，
可以用完所有麵團。

司康的
全新作法

材料：〔8個的份量〕

低筋麵粉——200g
泡打粉——12g
無鹽奶油——50g
二砂——30g
雞蛋——1顆
牛奶——20g
原味優格——30g
蛋黃（或牛奶）——適量

1 混拌麵粉和奶油

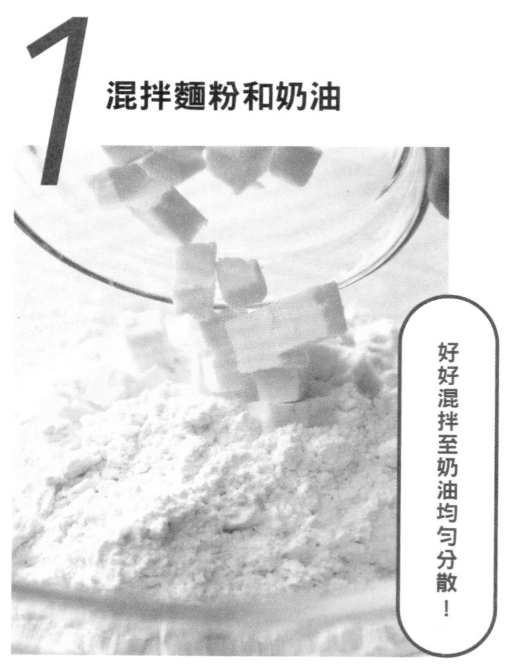

好好混拌至奶油均勻分散！

將低筋麵粉和泡打粉一起過篩3次，倒入略大的調理碗。從冰箱取出奶油，切成1cm塊狀，加入碗中，用橡皮刮刀混拌，使奶油均勻分散。

2 完成麵團，靜置醒麵

接著在*1*裡加入二砂、打入雞蛋拌勻，再加進牛奶、優格，用橡皮刮刀混拌。拌成沒有粉粒的麵團後，包上保鮮膜，放進冰箱冷藏30分鐘～1小時。

同時開始將烤箱預熱至180℃。

沒想到這麼簡單吧？
剛烤好的酥脆表皮，
只有自己做才吃得到！

3 重疊、延展麵團

取少量的高筋麵粉（材料份量外），撒在桌面等平台上，放上*2*的麵團，用手壓扁成四方形。接著將麵團對半縱切，拍掉麵粉並重疊，用擀麵棍擀成四方形，動作重複4次。

4 切塊，放入烤箱烘烤

麵團擀壓成約2cm厚的正方形後，切成8等分的三角形。烤盤倒置，鋪上烘焙紙後，擺上麵團。表面刷塗攪散的蛋黃液，放進烤箱以170℃烤約20分鐘，直至表面均勻上色。

若想增添水果風味，推薦加入果乾！

蔓越莓司康

材料：〔8個的份量〕
司康的材料（請參閱P102）——全部
蔓越莓乾——40g
蛋黃（或牛奶）——適量

1 依照司康的作法1～3（P102～103）製作麵團，靜置醒麵，重疊並擀壓麵團。
在重疊、擀壓第3次和第4次時，
分別加入半量的蔓越莓乾，使其均勻分布於麵團。

2 將1擀成2cm厚的正方形，切成八等分的四方形，依照作法4（P103）烘烤麵團。

將紅茶茶葉混入麵團，細細品味馥郁茶香！

伯爵茶司康

材料：〔8個的份量〕
司康的材料（請參閱P102）——全部
伯爵茶葉——6g
蛋黃（或牛奶）——適量

1. 低筋麵粉和泡打粉一起過篩3次，
加入紅茶葉。
2. 依照司康的作法*1～3*（P102～103）製作麵團，
並在作法*1*（P102）時加入紅茶茶葉。
3. 用直徑6cm的圓形切模壓出圓形。
壓剩的麵團不要重疊，收攏成團，再用切模壓出圓形。
最後將剩下的麵團搓圓。
4. 依照作法*4*（P103）烘烤麵團。

Canelé chocolat

巧克力可麗露

將外殼酥脆、內部組織Q軟的可麗露
做成濃郁的巧克力口味。
不必過於在意細節，在家就能完美重現的好滋味。

如果是江口主廚的作法， 》 沒有這樣做也沒關係！

麵糊不需要靜置一晚也沒關係！

▼ 這是因為

居家製作的份量，
冷藏2小時就可以了。
這麼做也是為了
讓麵糊徹底冷卻。

烤模不必塗上蜜蠟也沒關係！

▼ 這是因為

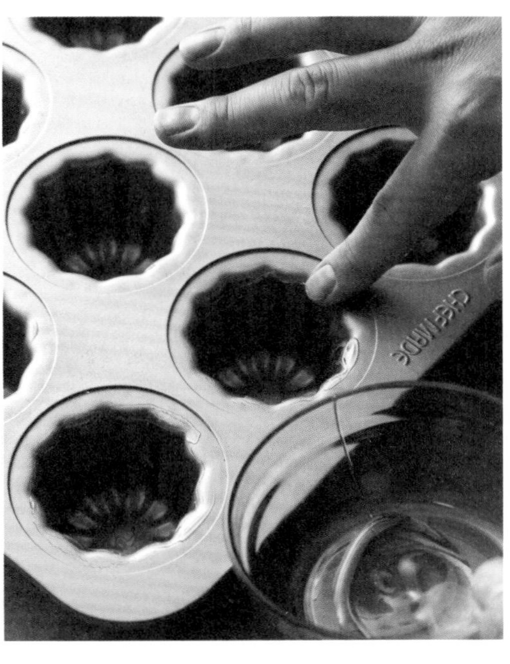

塗蜜蠟是為了讓外殼酥脆，
改用蜂蜜和奶油
也能產生相同效果。

巧克力可麗露的全新作法

材料：〔可麗露模12個的份量〕

牛奶——500g
無鹽奶油——20g
低筋麵粉——110g
可可粉——30g
細砂糖——150g
雞蛋——2顆
蘭姆酒——50g
＜烤模用＞
無鹽奶油——30g
蜂蜜——30g

1 將牛奶和奶油煮沸，泡冰水降溫冷卻

確實煮滾後再冷卻，烘烤時麵糊就不易膨脹溢出

在鍋內倒入牛奶和奶油，煮滾後關火。將鍋子移至冰水中，用橡皮刮刀混拌，使其降溫冷卻。將低筋麵粉和可可粉一起過篩3次。

2 混拌細砂糖、粉類和雞蛋

將細砂糖倒入調理碗中，加入*1*的粉類，用打蛋器混拌。接著打入雞蛋，中央稍微攪拌後，加進*1*的半量牛奶液混拌。

不必再專門跑一趟店家購買！
只要照著這個食譜，
少量材料也能輕鬆做出美味的可麗露。

3 冷藏麵糊，取出退冰至常溫再用篩網過濾

加入**1**剩下的牛奶液，仔細混拌。倒入蘭姆酒拌勻，包上保鮮膜，放進冰箱冷藏2小時以上。從冰箱取出充分冷卻的麵糊，靜置30分鐘，退冰至常溫後，再使用篩網過濾。

麵糊取至常溫退冰，
同時將烤箱預熱至260°C。

4 倒入烤模放進烤箱烘烤

將用於塗抹烤模的奶油退冰回軟，用手指沾取，均勻塗抹在鐵氟龍加工的可麗露烤模內側，並在邊緣塗上蜂蜜。把**3**倒入有注入口的容器中，注入烤模(約八分滿)。放進烤箱，以250℃烤約15分鐘；再調至200℃烤約35分鐘。烤好後取出，用砧板等物品蓋住，翻面脫模。

Egg pudding

雞蛋布丁

口感略硬的雞蛋布丁，
蛋香濃厚、風味飽滿，吃一口就好暖心。
製作過程簡單，卻是媲美專家級的美味。
絕對不能省略過濾布丁液這個步驟喔！

如果是江口主廚的作法， 〉 **沒有這樣做也沒關係！**

煮焦糖漿的時候，砂糖不必拌融也沒關係！

▼ 這是因為

如果在加水之前攪拌，
黏在橡皮刮刀上的砂糖
就會無法融化，
請記住千萬不要攪拌。

蛋液和砂糖不必先混拌也沒關係！

▼ 這是因為

布丁液是微波加熱而成，
所以可以省略這個步驟。

雞蛋布丁的全新作法

材料：〔直徑8×高7cm的耐熱杯4個的份量〕

＜布丁液＞

- 雞蛋——6顆
- 牛奶——200g
- 鮮奶油（35%）——100g
- 二砂——100g
- 香草莢——依個人喜好（本食譜使用1/2根）

＜焦糖漿＞

- 細砂糖——50g
- 水——45g

1 製作焦糖漿

在鍋內倒入細砂糖，以小火加熱，輕輕搖晃鍋子，使其融化。變成焦糖色後關火，分次少量加水。以中火加熱，用橡皮刮刀混拌，煮至呈現黏稠狀。趁熱倒入耐熱玻璃杯，每杯¼的量。

2 將布丁液微波加熱

把雞蛋打入調理碗內，用打蛋器攪散成蛋液。牛奶、鮮奶油、二砂倒入耐熱調理碗中，再加入從香草莢刮取出的香草籽。包上保鮮膜，微波（600w）加熱約2分鐘，趁熱倒入蛋液，快速拌合。

同時開始將烤箱預熱至160℃。

From Eguchi

香醇濃郁的焦糖，
味道超讚！
「乾脆做來賣好了」，
你是不是也有冒出這個念頭呢？

3 過濾布丁液

將篩網或略大的濾茶網放在有注入口的容器上，倒入2過濾。烤盤內放上托盤，擺入1的玻璃杯，接著在每杯中倒入等量的布丁液，蓋上鋁箔紙。

4 放進烤箱隔水蒸烤

在3的托盤內倒入熱水，放進烤箱，以150℃蒸烤60～65分鐘（過程中如果發現熱水變少，請務必加水，托盤裡要一直保持有水的狀態）。烤好後取出放涼，放進冰箱冷藏2小時以上。用水果刀之類的小刀沿著杯子內側輕刮，讓布丁和杯子略為分離，倒扣至容器內。

The Arrange

不僅多了南瓜的鮮甜，滿足感更是倍增！

南瓜布丁

材料：〔直徑15cm的圓形固定蛋糕模1個的份量〕

雞蛋布丁的材料（請參閱P112）
——全部（除了香草莢）

帶皮南瓜（去籽與囊）
——300g

1 依照雞蛋布丁的作法1（P112）製作焦糖漿，趁熱倒入蛋糕模，使其均勻鋪平。

2 將南瓜包上保鮮膜，微波（600W）加熱約1分鐘，重複5次左右。待南瓜變軟後，去皮用篩網壓成泥，放入耐熱調理碗。

3 加入二砂混拌，再加牛奶、鮮奶油，包上保鮮膜，微波加熱約2分鐘。趁熱倒入蛋液混拌，用篩網過濾。

4 烤盤內放上托盤，擺入1、倒入3，蓋上鋁箔紙。托盤內倒入熱水，放進烤箱以150℃蒸烤約70分鐘（過程中如果發現熱水變少，請務必加水，托盤裡要一直保持有水的狀態）。烤好後取出放涼，放進冰箱充分冷藏後脫模。

紅茶香氣與微澀滋味，增添屬於大人的成熟氣息！

皇家奶茶布丁

材料：〔直徑8×高7cm的耐熱杯4個的份量〕

＜布丁液＞

- 水——100g
- 紅茶葉——10g
- 牛奶——180g
- 鮮奶油（35%）——100g
- 二砂——100g
- 雞蛋——6顆

＜焦糖漿＞

- 細砂糖——50g
- 水——45g

1 依照雞蛋布丁的作法1（P112）製作焦糖漿，趁熱倒入耐熱杯中。

2 將製作布丁液的水煮滾後，放入紅茶葉，關火、蓋上鍋蓋燜蒸5分鐘。接著加進牛奶、鮮奶油，再次煮滾，過濾布丁液。擠出紅茶葉的茶液，加入布丁液，使重量達300g（如果還是不夠就加牛奶）。

3 在2中加入二砂混拌，趁熱倒入蛋液混拌，用篩網過濾。

4 在烤盤內放上托盤，擺入1、倒入3，蓋上鋁箔紙。托盤內倒入熱水，放進烤箱以150℃蒸烤約60分鐘（過程中如果發現熱水變少，請務必加水，托盤裡要一直保持有水的狀態）。烤好後取出放涼，放進冰箱充分冷藏後脫模。

Chocolate mousse

巧克力慕斯

只要準備巧克力和鮮奶油兩種材料，
是烘焙新手務必嘗試的入門品項。

如果是江口主廚的作法， 沒有這樣做也沒關係！

巧克力不必隔水加熱也沒關係！

還是因為

微波加熱就可以了！
包上保鮮膜，
放進微波爐即可。

鮮奶油不必充分打發也沒關係！

還是因為

用於擠花或需要脫模的甜點
必須充分打發，
而本食譜為裝進杯中冷藏凝固，
所以要打成稍具流動性的狀態。

巧克力慕斯的全新作法

材料：〔約150ml的杯子4個的份量〕
苦甜巧克力(67%)——100g
鮮奶油(35%)——200g
(溶解巧克力用與打發用，各100g)
最後裝飾用的苦甜巧克力(67%)——適量

1 巧克力微波加熱

將100g的巧克力放入耐熱調理碗中，包上保鮮膜，微波(600w)加熱約30秒，並用打蛋器混拌，重複3～4次，使巧克力完全融化。充分混拌至沒有殘留未融化的巧克力塊為止。

2 拌入加熱後的鮮奶油

取一半份量的鮮奶油，倒入耐熱容器，包上保鮮膜(使用有注入口的容器會比較方便)，微波加熱約1分鐘。少量加入*1*裡，用打蛋器拌勻，再加入剩下的鮮奶油仔細混拌。

居然只要準備 2 項材料？
柔滑細緻的口感，
讓人忍不住一口接著一口！

3 打發剩下的鮮奶油並拌入其中

鮮奶油打發成緩慢滴落的緞帶狀，滴落時會出現堆疊痕跡。

把剩下的鮮奶油倒入另一個調理碗中，用手持電動攪拌機打發至表面有些許紋路的程度。加入*2*裡，用橡皮刮刀拌至看不到鮮奶油。

4 將慕斯擠入玻璃杯中冷藏凝固

將*3*填入擠花袋中，每杯擠入1/4的量。放進冰箱冷藏約30分鐘，冷卻凝固後，撒上削下的巧克力屑做裝飾。

Vanilla ice cream

香草冰淇淋

冰淇淋的常見材料——雞蛋、牛奶和砂糖，全部都不用！
巧妙地以鮮奶油和白巧克力取代，
再加入些許煉乳，
做出來的味道會比傳統食譜更上一層樓。

如果是江口主廚的作法，　沒有這樣做也沒關係！

不使用蛋黃也沒關係！

▼ 這是因為

使用白巧克力和煉乳，
即使沒有使用蛋黃，
依然香醇濃郁，
味道及口感都是一級棒！

冷凍過程中沒有混拌也沒關係！

▼ 這是因為

充分打發的鮮奶油
已混入空氣，
所以在冷凍過程中，
不需要藉由混拌拌入空氣。

香草冰淇淋的全新作法

材料：〔4～5人份〕
白巧克力——120g
鮮奶油（35%）——200g
煉乳——20g

1 巧克力微波加熱，使其融化

將白巧克力和70g的鮮奶油一起倒入耐熱調理碗中，包上保鮮膜，微波（600w）加熱約30秒，接著用打蛋器混拌，重複4～5次。待巧克力融化後，仔細混拌，放進冰箱冷藏。

2 鮮奶油打發至不會流動的濃稠狀

另取一個調理碗，倒入剩下的鮮奶油，用手持電動攪拌機打發成不會流動的固體濃稠狀態（質地略為粗糙也沒關係）。

From Eguchi

多數白巧克力具有香草風味，
因而激發出這個作法嶄新的食譜。
味道比想像中更為濃厚！

3 將巧克力液和鮮奶油混拌

在*1*裡加入煉乳，用打蛋器拌勻。接著全部倒進*2*裡，用橡皮刮刀拌合。

4 移入容器，放入冷凍

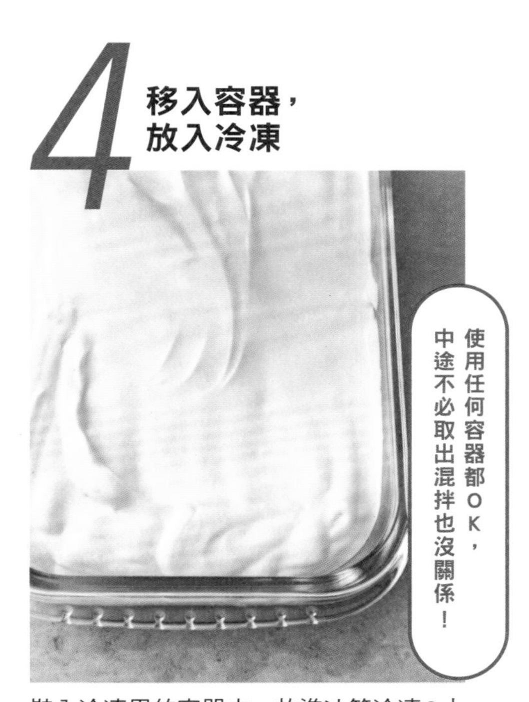

裝入冷凍用的容器中，放進冰箱冷凍2小時以上。

The Arrange

只要加入市售的巧克力糖漿即可！

巧克力冰淇淋

材料：〔4～5人份〕
牛奶巧克力(41%)——120g
鮮奶油(35%)——200g
巧克力糖漿——30g

1 依照香草冰淇淋的作法*1*(P122)，
將牛奶巧克力和70g的鮮奶油一起倒入耐熱調理碗，
微波加熱融化，再加入巧克力糖漿混拌，放進冰箱冷藏。

2 依照作法*2*(P122)，把剩下的鮮奶油打發成不會流動的固態狀。
和*1*拌合後，放進冰箱冷凍2小時以上。

拌入草莓果醬，做成美麗大理石花紋的冰淇淋！

草莓冰淇淋

材料：〔4～5人份〕
白巧克力——100g
鮮奶油(35%)——200g
草莓果醬——200

1 依照香草冰淇淋的作法*1*(P122)，
將白巧克力和70g的鮮奶油一起倒入耐熱調理碗，
微波加熱融化，放進冰箱冷藏。

2 依照作法*2*(P122)，把剩下的鮮奶油打發成不會流動的固態狀。
和*1*拌合後，再加入草莓果醬稍微混拌，放進冰箱冷凍2小時以上。

※ 如果混拌太久，果醬的顏色會變淡，所以只要拌至出現大理石花紋狀即可。

加入餅乾，建議不要壓得太碎，口感更好！

可可巧酥冰淇淋

材料：〔4～5人份〕
白巧克力——120g
鮮奶油(35%)——200g
煉乳——20g
市售巧克力餅乾——適量

1 依照香草冰淇淋的作法*1*～*4*(P122～123)製作冰淇淋，裝入容器。

2 拌入壓碎的巧克力餅乾，放進冰箱冷凍2小時以上。

DEL'IMMO的人氣聖代「Chocolatier」

由江口主廚
親自公開的美味關鍵！

底部放入
味道濃郁的配料

放入糖漬黑莓，襯托出上方配料逐漸融化後的味道。

用可可脆酥粒
來增加口感

可可脆酥粒是用巧克力酥餅、椰子粉、糖漬橙條和70%的苦甜巧克力混拌而成。用巧克力包覆以保留口感，是讓美味升級的秘方。

選用2種
味道濃厚的冰淇淋

混入糖漬黑莓的可可冰淇淋，搭配上混入糖漬可可果的咖啡冰淇淋，混合出濃郁豐富的滋味。

擠上口感滑順的
巧克力奶油

在2種冰淇淋的接合處擠上東加巧克力奶油。

DEL'IMMO的招牌甜點聖代——
結合多種巧克力配料，充滿可可魅力的「Chocolatier」。
使用10種以上的材料，表現出可可豆從收成到製成巧克力的味道變化。
隨著不同層次配料的混合搭配，口感也會產生變化，誕生出全新風味。
希望各位透過製作重點與過程的圖文介紹，享受這款美好滋味。

佐入可可凍
添加清爽風味

擺上可可汁液做成的凝凍，產生滑順口感的加分效果。

以布朗尼和脆球
強調巧克力的存在感

放入苦甜巧克力布朗尼碎塊，以及用巧克力包覆的脆球，增加口感層次，更能突顯味覺上的饗宴。

用蛋白霜餅乾
增添輕盈口感

可可口味的蛋白霜餅乾，口感比布朗尼更輕盈。利用不同口感的交錯，增加品嚐時的樂趣。

滑順細緻的巧克力奶油
是不可或缺的美味關鍵

使用東加豆(tonka bean)*增添香氣的67%苦甜巧克力奶油——「東加巧克力奶油」，因為油脂含量較高，冷藏之後仍不減口感。

利用馬卡龍
讓大腦產生想像

放上苦甜巧克力馬卡龍，讓大腦能在滿滿的巧克力當中，事先鋪陳出對美味的想像。至於巧克力聖代中不可或缺的苦味，則交由黑莓來詮釋。

上方點綴
口感較脆的配料

放上香酥的可可薄餅和微型香草atsina cress。為了不讓酥脆的薄餅顯得突兀而插在最上方。以微型香草象徵可可苗，創作出屬於巧克力聖代的故事。

巧克力圈狀飾片
是宛如招牌的存在

擺上用72%苦甜巧克力做成的巧克力圈狀飾片，為整體注入躍動感，讓人忍不住思考「該從哪邊開動？」。

以金箔
提升華麗感

最後灑上金箔點綴就完成了！感受視覺兼味覺的特別氛圍，盡情享受非日常的美好滋味。

＊譯注：亦稱靈陵香豆，外型類似黑色的帶皮杏仁果，質地堅硬，有煙燻香草味。

這些步驟不用做！

新概念甜點聖經

連馬卡龍也 OK！日本職人親授 50 款甜點，
省略麻煩技法，新手苦手都能上手

作者江口和明
譯者連雪雅
主編林昱霖
責任編輯唐甜
封面設計羅婕云
內頁美術設計徐昱

發行人何飛鵬
PCH集團生活旅遊事業總經理暨社長李淑霞
總編輯汪雨菁
行銷企畫經理呂妙君
行銷企劃主任許立心

出版公司
墨刻出版股份有限公司
地址：115台北市南港區昆陽街16號7樓
電話：886-2-2500-7008／傳真：886-2-2500-7796
E-mail：mook_service@hmg.com.tw
發行公司
英屬蓋曼群島商家庭傳媒股份有限公司城邦分公司
城邦讀書花園：www.cite.com.tw
劃撥：19863813／戶名：書虫股份有限公司
香港發行城邦（香港）出版集團有限公司
地址：香港九龍土瓜灣土瓜灣道86號順聯工業大廈6樓A室
電話：852-2508-6231／傳真：852-2578-9337／E-mail：hkcite@biznetvigator.com
城邦（馬新）出版集團 Cite (M) Sdn Bhd
地址：41, Jalan Radin Anum, Bandar Baru Sri Petaling, 57000 Kuala Lumpur, Malaysia.
電話：(603)90563833／傳真：(603)90576622／E-mail：services@cite.my
製版・印刷漾格科技股份有限公司
ISBN978-626-398-086-0・978-626-398-085-3（EPUB）
城邦書號KJ2106 **初版**2024年12月
定價420元
MOOK官網www.mook.com.tw
Facebook粉絲團
MOOK墨刻出版 www.facebook.com/travelmook
版權所有・翻印必究

「SHINAKUTE IIKOTO」GA TAKUSAN ATTA! ATARASHII OKASHI NO TSUKURI KATA
©Kazuaki Eguchi 2023
First published in Japan in 2023 by KADOKAWA CORPORATION, Tokyo. Complex Chinese translation rights arranged with KADOKAWA CORPORATION, Tokyo through Keio Cultural Enterprise Co., Ltd.
This Complex Chinese translation is published by Mook Publication Co., Ltd.

國家圖書館出版品預行編目資料

這些步驟不用做！新概念甜點聖經：連馬卡龍也OK!日本職人親授50款甜點,省略麻煩技法,新手苦手都能上手/江口和明作；連雪雅譯. -- 初版. -- 臺北市：墨刻出版股份有限公司出版：英屬蓋曼群島商家庭傳媒股份有限公司城邦分公司發行, 2024.12
128面；19×26公分. -- (SASUGAS；KJ2106)
譯自：「しなくていいこと」がたくさんあった！ 新しいお菓子の作り方
ISBN 978-626-398-086-0(平裝)
1.CST: 點心食譜
427.16 113015322